ENCYCLOPÉDIE A. L. GUYOT

HYGIÈNE
AGRICULTURE
LÉGISLATION
INDUSTRIE
SCIENCES
SPORTS
ARTS
MÉTIERS

LES RAYONS X

A la portée de tous

MANUEL POPULAIRE

Radiographie et de Radioscopie

PAR

L. TRANCHANT

PARIS
30, rue des Petits-Champs.

30

Algérie, Colonies et Étranger : 35 cent.
(Port en plus)

Les Rayons X à la portée de Tous

LES RAYONS X
à la portée de Tous

PAR

L. TRANCHANT

TOME SECOND

LE RADIUM

PARIS
Collection A.-L. GUYOT
20, rue des Petits-Champs, 20

OUVRAGES DU MÊME AUTEUR

COLLECTION A.-L. GUYOT

Manuel pratique du Photographe Amateur........................ 1 volume.
Le Petit Jardinier Amateur....... »
Les Applications modernes de la Photographie.................... 2 »
La Photographie des couleurs des Amateurs........................ »
Les Rayons X pour Tous......... 2 »

GAUTHIER-VILLARS, *éditeur à Paris*

La Linotypie, 1 volume in-18 jésus.. 1 fr. 25

DESFORGES, *éditeur à Paris*

La Photocollographie simplifiée, 1 volume (2e édition)............... 1 fr. »
La Photographie des couleurs simplifiée.......................... 3 fr. »
L'Illustration Photographique des Cartes postales................ 1 fr. 25

CHARLES MENDEL, *éditeur à Paris*

Le Vade-Mecum du Cycliste Photographe........................ 1 fr. »
La Microphotographie simplifiée, 1 volume....................... 1 fr. 25

FICKER, *éditeur à Paris*

Le Chemin du Crime, roman (2e édit.) 3 fr. 50

COLLECTION DE LA *Photo-Revue* à 0 fr. 60 le volume

La Photographie au charbon simplifiée. — La Photocopie positive par développement. — Les Positives pour projections. — La Photocollographie pour Tous. — La Photocéramique simplifiée. — La Photosculpture pour Tous. — Le Photovitrail simplifié. — Clichés pelliculaires et retournés.

LES RAYONS X POUR TOUS

CHAPITRE V

Résultats pratiques des Rayons X

La radiographie a donné des résultats indéniables. Comme toutes les grandes découvertes qui étonnent et déconcertent l'esprit routinier de certains, qui se disent savants, parce qu'ils barbouillent du papier blanc à l'usage des journaux quotidiens, les rayons X ont eu leurs ennemis, leurs contradicteurs. Ils ont eu aussi des amis maladroits qui ont voulu aller trop vite et faire connaître des hypothèses avant de les vérifier.

Le gaz n'a-t-il pas eu ses détracteurs; les chemins de fer n'ont-ils pas eu leurs ennemis; l'électricité, la photographie, toutes les sciences que le génie de quelques-uns ont fait sortir du chaos n'ont-elles pas eu leur calvaire. Les premiers inventeurs n'ont-ils pas toujours soufferts. Il y a plus de chinois ennemis des nouveautés, surtout parmi nos mandarins, qu'on ne croit dans notre civilisation. Le grand public,

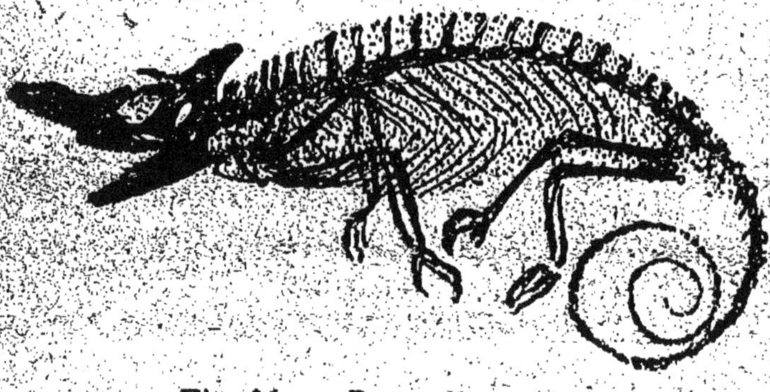

Fig. 36. — ~~Rat~~ radiographié

lui, regarde avec curiosité ou avec étonnement, quelquefois avec indifférence, ces merveilles qu'il ne se hâte pas de juger.

Les rayons X ont, comme tous leurs congénères, comme en auront toujours les nouveautés scientifiques, des ennemis, des ennemis ignorants, et d'autant plus qu'ils ne veulent pas être convaincus. Ils refusent de voir, ils refusent d'entendre; s'ils le pouvaient, ils excommunieraient la découverte, ils brûleraient le chercheur qui, par ses inventions, les dérangent dans leur sommeil. De toutes les critiques faites contre les rayons X, combien peu ont conservé quelque valeur. De celles-là, nous parlerons à l'occasion au cours de ce chapitre et nous les réfuterons.

La radiographie peut prêter son concours à la médecine, soit comme aide au diagnostic, soit comme moyen thérapeutique. La chirurgie est fort aise de la trouver pour faciliter ses opérations, pour les simplifier et diminuer les souffrances du patient. Le fisc a cherché à l'utiliser pour reconnaître dans les colis qui passent en douane les fraudes. Le spiritisme s'en est emparé. Les chimistes s'en servent pour reconnaître les falsifications, les engins anarchistes, la structure intime des métaux, les sels. Les joailliers peuvent différencier d'une façon certaine les pierres fausses des pierres précieuses en utilisant les rayons X. Nous allons étudier ces diverses applications de la radiographie.

a) DIAGNOSTIC MÉDICAL. — Toutes les maladies se traduisent par des modifications cellulaires plus ou moins importantes : certaines maladies ont comme effet immédiat de produire des ossifications de la chair, des infiltrations de liquides particuliers riches en chaux dans les jointures des os, des destructions de matières cellulaires ou osseuses.

Dès le début de l'invention de Rœntgen, on s'occupa d'appliquer les rayons X à la médecine. La première expérience à ce sujet est celle de Rœntgen qui montrait le pouvoir de pénétration des rayons X à travers la main de l'opérateur en ne laissant que le squelette opaque (fig. 37). Le professeur Fournier, dans un mémoire adressé à l'Académie de médecine en novembre 1896, signalait qu'il avait pu, grâce aux rayons X, apercevoir non seulement le thorax, ou plus exactement la cage thoracique, mais même le cœur, les poumons, le foie. Seulement, les contours étaient un peu trop fondus dans l'ensemble : la netteté était très insuffisante. On attribua ce défaut aux ampoules. En réalité, l'expérimentateur était plus fautif que l'instrument : s'il y exagérée. En effet, posez le minimum de temps pour avoir un cliché radiographique, vous obtiendrez une carcasse osseuse très nette, une reproduction des muscles très claire avec des demi-teintes marquant fort bien les épaisseurs plus ou moins avait ces défauts, c'est que la pose était

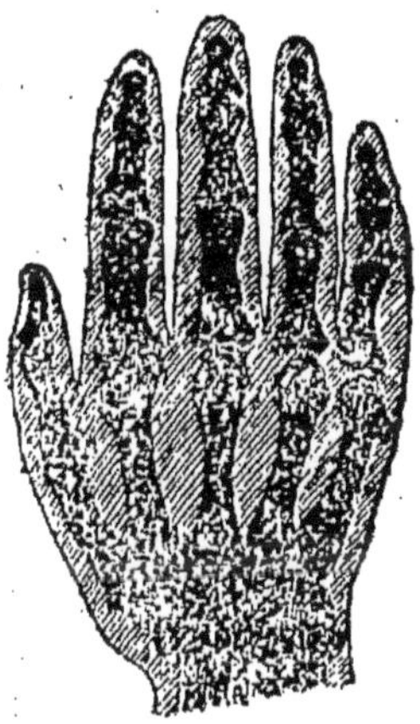

Fig. 37 — Main humaine

grandes de chair. Posez bien plus, la carcasse osseuse, au lieu d'être toute blanche, sera estompée de demi-teintes, des parties plus claires marqueront les diverses épaisseurs des os, tandis que les chairs viendront d'un noir uniforme.

Posez beaucoup plus encore, le squelette

sera gris, il perdra de son épaisseur, les bords se fondant pour ainsi dire dans la musculature qui en arrivera à ne pas se distinguer de la partie non couverte par la main. Voici donc, avec une même ampoule, le moyen de radiographier telle partie d'un corps de préférence à telle autre :

Pose courte : détails des parties molles ; manque de détails dans les parties osseuses.

Pose moyenne : détails dans les os; les chairs sont peu ou point nettes.

Pose longue : le cliché sera défectueux, aussi bien dans les os que dans les chairs.

On a encore la ressource de varier l'intensité des rayons X par le degré du vide. Nous avons déjà dit que l'ampoule produisait des rayons X de plus en plus actifs au fur et à mesure que le vide augmentait et qu'à un certain moment, quand il était presqu'absolu, cette puissance décroissait et ne tardait pas à être complètement nulle. Si nous avons une ampoule munie d'un petit tube capillaire rempli d'une substance qui, à 200° par exemple, abandonnera un gaz pour le reprendre à la température ordinaire, il nous sera facile de diminuer la puissance radiante de celle-ci en faisant chauffer ce petit tube capillaire.

La médecine a appliqué ces principes, et c'est ainsi qu'elle est arrivée à de bons résultats. Tous les organes peuvent être explorés par les rayons X, mais les ombres des déformations du corps, celles des organes intérieurs sont si peu distincts, qu'il faut une certaine habitude pour reconnaître leurs positions et leurs mouvements.

Dans le thorax, en dehors du squelette, on peut distinguer le poumon qui, sur l'épreuve, est un peu plus clair que le reste. Y a-t-il des cavernes tuberculeuses, des amas de pus, toutes choses indiquant que le poumon est malade on aura une tache plus foncée. On pourra même déterminer, par la forme et par l'opacité de ces taches, la nature exacte de l'affection. Une sorte de dentelle un peu plus foncée au-dessus d'un poumon d'intensité normale, avec une partie plus claire au-dessus, pourra permettre d'affirmer qu'il y a des cavernes closes par ossification : toute cette dentelle noire est le phosphate et le carbonate de chaux qui ont opposé une barrière à la marche du bacille de la tuberculose et l'ont fait mourir de faim sur elle. La partie plus claire qui est au-dessus est la reproduction de la caverne qui a cessé. Dans le cas de formation de pus, le poumon, rempli de pus, paraîtra plus sombre sur l'épreuve, plus opaque sur l'écran. Le cœur, à l'écran fluorescent, est

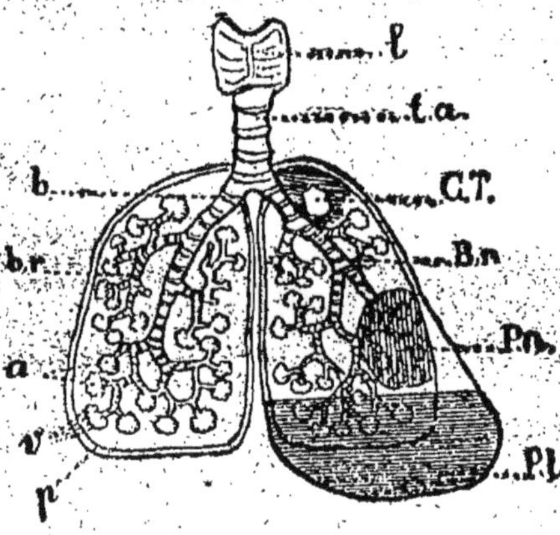

Fig. 38. — Poumons humains

une ombre assez noire qui s'agite vivement de haut en bas. Sur l'épreuve radiographique, il paraîtra plus sombre que le poumon. De l'autre côté et au-dessous du cœur, on aperçoit une grande tache limitée par des bords assez noirs, c'est le foie. Lorsque la pose est courte, on arrive à distinguer, par une ombre à peine accentuée, la place de la rate.

Si au lieu de radiographier le corps de l'homme, on se contente de le regarder dans l'écran fluorescent, on assiste à un spectacle vraiment intéressant : on voit les côtes se soulever et s'abaisser d'une façon régulière, on voit le cœur s'agiter vivement, les poumons à chaque inspiration se gonfler, devenir plus opaques, tandis que, dans les périodes d'expiration, ils sont beaucoup plus clairs. Le foie, lui, s'abaisse et se relève régulièrement tous les quatre ou cinq secondes. Les intestins, dans la période de vie, sont confus; on les devine parce qu'on sait qu'ils y sont, mais on ne les distingue pas bien nettement. Aussitôt la mort, ils deviennent très nettement dessinés. Probablement que pendant la vie ils sont agités par le mouvement régulier de la circulation du sang qui rend leur vision un peu floue.

M. Bouchard, le savant professeur de l'Ecole de pharmacie, fit en décembre 1896 une communication à l'Académie de médecine que nous croyons devoir indiquer, car elle montre l'utilité prévue, dès le début des rayons X, de l'observation radioscopique pour le diagnostic des maladies des poumons.

Le thorax est divisé en deux parties par une membrane qui sépare le lobe droit du lobe gauche du poumon, cette membrane se nomme le médiastin. Dans le cas de radiographie d'un homme bien portant, ce

Fig. 39

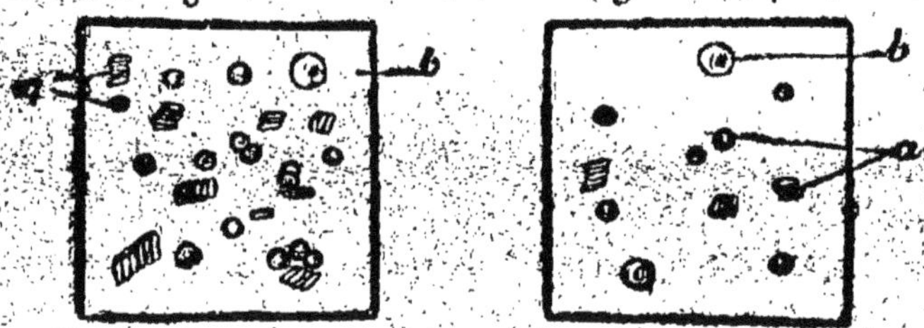

médiastin n'apparaît ni sur l'écran, ni sur le cliché photographique.

« Or, chez trois individus atteints de « pleurésie droite avec épanchement, j'ai « constaté que le côté du thorax, occupé « par le liquide pleurétique, présente une « teinte sombre qui contraste avec la tein- « te claire du côté sain. Si l'épanchement « ne remplit pas toute la cavité, le som-

« met de ce côté reste clair. La teinte som-
« bre dessine la limite supérieure de l'é-
« panchement telle qu'elle est déterminée
« par l'auscultation et la percussion.

« J'ai reconnu, de plus, que dans ces
« trois cas de pleurésie (côté droit), le mé-
« diastin, qui n'est pas apparent à l'état
« normal, porte une ombre à gauche de la
« colonne et figure un triangle qui est
« l'ombre portée du médiastin déplacé par
« la poussée du liquide de l'épanchement
« et refoulé vers le côté sain du thorax.

« Dans un autre cas, où l'épanchement
« avait disparu, mais avait laissé comme
« suite une rétraction du côté malade, c'est
« de ce côté que le médiastin faisait om-
« bre. »

Ce qui avait été indiqué si nettement par M. Bouchard fut confirmé par de nombreux observateurs. Dans le cas de pleurésie gauche, le médiastin se dessine du côté opposé. Il y a donc, comme nous le disions plus haut, un moyen de reconnaître une pleurésie avec la preuve la plus formelle que le diagnostic est bien fait.

Dans certains cas même, la pleurésie peut se compliquer d'un début de tuberculose que la radioscopie comme la radiographie révèlent avec certitude et qu'on peut enrayer et empêcher de devenir dangereuse.

Les congestions pulmonaires se reconnaissent de même avec la plus grande facilité : le côté malade se reproduit sur l'écran, beaucoup plus clair que l'autre côté. Les maladies du cœur exigent une auscultation particulièrement difficile. Grâce à la radiographie, on peut discerner nettement les affections du cœur telles que les hypertrophies, les dilatations et anévrismes ; M. Bouchard (compte rendu de l'Académie des sciences du 17 mai 1897) a pu ainsi reconnaître certains cas d'hypertrophie avec battement des oreillettes à droite du sternum.

Les os ont fourni le plus vaste champ à l'exploration radiographique : on peut résumer les études d'ostéologie radiographique en trois catégories :

1° Etude de la formation des os ;

2° Etude et guérison des anomalies des os ; 3° Lésions osseuses.

§ 1. *Etude de la formation des os.* — Lorsque l'enfant vient de naître, il est formé de chair et de cartilages. Un tel corps radiographié donnera l'ombre du squelette comme toujours, mais d'un squelette incomplet. Tandis que certains os sont suffisamment imprégnés de carbonate et de phosphate de chaux, d'autres n'ont aucune trace de ces corps. Si l'on soumet ce squelette aux rayons X, tout ce qui sera imprégné de phosphate de chaux sera opaque, mais le reste viendra clair, de sorte que sur l'épreuve radiographique de l'enfant à un jour, à un an, à dix ans, on pourra suivre la venue des os, on les verra devenir de plus en plus robustes. A partir de 30 ans, l'ossification sera complète. On pourra donc déterminer avec exactitude l'âge d'un squelette : il suffira de comparer les diverses épreuves types qu'on se constituera et qui seront rangées d'après les âges des personnes radiographiées, avec l'épreuve faite pour se rendre compte, à un an près, de l'âge du squelette étudié. La figure 40 donne une main à la naissance, à cinq ans, à vingt ans comme type. On voit l'importance de cette méthode pour l'étude de l'anatomie et surtout pour la médecine légale. En cas de découverte d'un corps trop

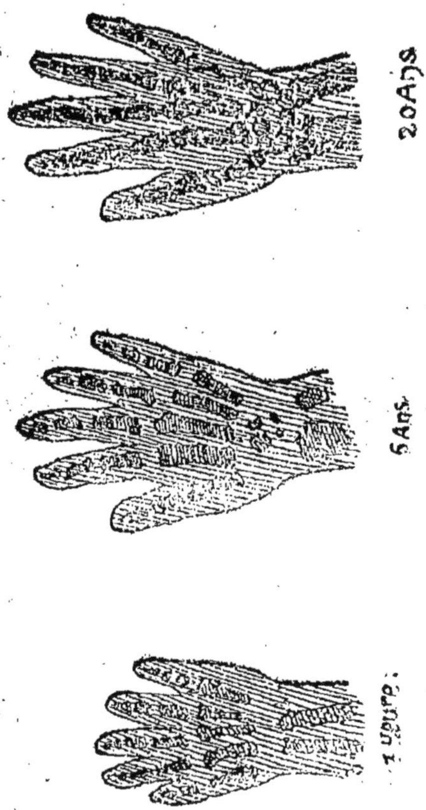

Fig. 40. — Le squelette de la main à 3 âges

décomposé pour en déterminer l'âge, il suffira de radiographier une main pour évaluer, à un an près, l'âge du défunt.

§ 2. *Etude et guérison des maladies des os.* — Toutes les maladies des os se caractérisent par une déformation, une destruction ou une absence quelconque de vitalité de ceux-ci. Toutes les maladies des os seront donc faciles à diagnostiquer à l'aide de la radiographie.

C'est ainsi que les myxœdèmes peuvent être révélés dès leurs débuts par la radiographie. Les myxœdèmes sont des maladies qui, par suite d'une inflammation de la membrane qui recouvre les os, empêchent leur développement et, par conséquent, la croissance du malade. Les enfants atteints de cette affection ne grandissent plus et restent nains, leurs os sont sans force. Or, une main ou un squelette radiographique d'un malade de ce genre sera aussi transparent que celui d'un enfant de quelques mois. Le meilleur traitement — puisqu'il empêche l'action de la maladie et permet à la croissance de se faire normalement et aux os de s'imprégner suffisamment de phosphate de chaux — est l'emploi simultané de la tyroïdine, de l'iode et du phosphate de chaux. Si l'on prend la radiographie du malade avant le traitement et après quelques mois, on reconnaît que la formation se fait normalement par l'opacité plus grande du squelette et par l'apparition d'os qui, dans la première épreuve, sont invisibles. On a également la preuve que le traitement a agi par la croissance qui s'est poursuivie normalement pendant ce temps et a pu atteindre 1 centimètre par mois.

A la Salpétrière, dans le service radiographique, MM. Raymond, directeur, et Londe, ont observé un certain nombre de cas fort intéressants, dont l'un a fait l'objet, en mai 1898, d'une communication de M. Londe à l'Académie des sciences.

Les anomalies du système osseux sont assez fréquentes chez l'homme. On cite les cas des moutons à cinq pattes, etc. On cite le cas des individus soudés par couple comme les frères siamois. On ne parle guère des hommes dont les mains ont six doigts ou seulement trois ou quatre, parce que ce phénomène est très commun : on peut très bien compter 1 homme pour dix mille mal conformé au point de vue des os. Il y a un intérêt de premier ordre à connaître la structure intime du membre mal conformé ; on le peut à l'aide des rayons X. Cette connaissance du squelette, pris sur l'être vivant, permet de faire, si l'examen l'autorise, telle opération nécessaire pour faire d'un être difforme un homme conformé comme tout le monde. Dans la figure 41, nos lecteurs peuvent voir une main à

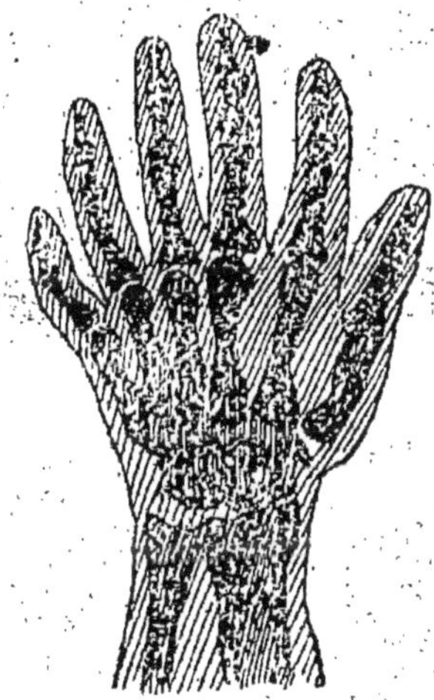

Fig. 41. — Une main à six doigts, d'après un cliché radiographique

six doigts, très difficile à opérer, tandis que, dans un autre cas, il suffisait de l'ablation du deuxième auriculaire qui était implanté obliquement au premier. Les caries et gangrènes osseuses, dès leurs débuts, peuvent être diagnostiquées par les rayons

X : les parties malades paraissent perforées de trous; un peu plus tard, elles sont beaucoup plus transparentes que les parties saines.

§ 3. *Lésions osseuses.* — Dans les cas d'hémiplégie, de paralysie infantile, de coxalgie débutante, il est facile, avec les rayons X, de préciser très exactement la nature et les conditions particulières du mal. Pour l'hémiplégie sénile, il n'y a pas grand chose à tenter; mais, pour la paralysie et la coxalgie infantile, il y a beaucoup à faire : la guérison de ces maladies n'est pas très facile dans les conditions de la médecine actuelle, mais, grâce aux rayons X, il est possible de songer à empêcher les suites terribles de ces accidents de l'enfance. La coxalgie, à ses débuts, peut être enrayée, et je connais des médecins qui, grâce aux rayons X, ont empêché certains enfants de devenir boiteux. Pourquoi tous n'en font-ils autant ?

A côté des paralysies, figurent certaines maladies très répandues : rhumatismes, goutte, ostéite déformante de Paget. Dans toutes ces maladies, la radiographie est un puissant auxiliaire. Quand il y a rhumatisme de la main, par exemple, il suffit de radiographier cette main et de la comparer à une main normale : on voit dans la main du rhumatisant les jointures des os comme entourées d'une gaine un peu opaque.

Le docteur Potain et M. Lerbanesco, son élève, ont fait à ce sujet une étude fort intéressante qui a fait l'objet d'une communication à l'Académie, dont nous signalons le passage le plus remarquable :

« Tandis que, chez les rhumatisants, l'ostéïte condensante des extrémités osseuses donne à celle-ci une opacité plus grande, chez les goutteux, au contraire, on voit, au niveau des extrémités des phalanges et des métacarpiens, parfois même sur le corps de l'os, des taches blanchâtres entourées le plus souvent d'une étroite auréole foncée.

Ces résultats ont été obtenus comme ci-après :

Des radiographies de pièces osseuses, provenant de goutteux montrent que ces taches transparentes tiennent, non à un amincissement, ni à une raréfaction du tissu osseux, mais à la présence de tophus (nœuds) faisant saillie à la surface de l'os ou à la transformation de la substance osseuse elle-même.

Cette transformation paraît être la substitution des urates de chaux aux phosphates qui entrent normalement dans la constitution des os (fig. 42).

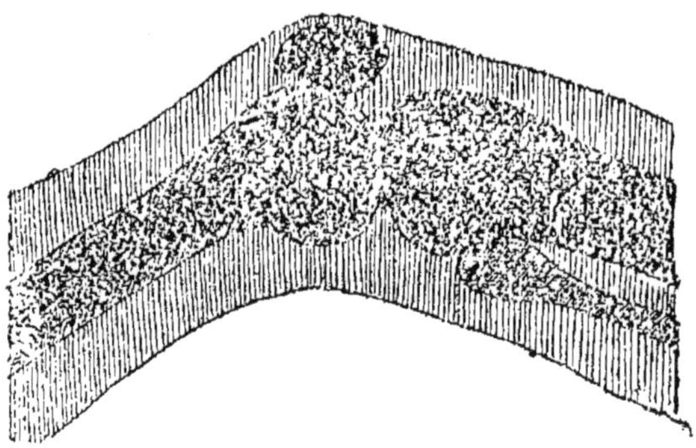

Fig. 42. — Articulation du genou

Comparant entre eux les différents sels qui entrent dans cette composition, MM. Potain et Lerbanesco, ont, en effet, trouvé qu'ils sont inégalement perméables aux rayons de Rœntgen. Le phosphate de chaux, le carbonate de chaux, le chlorure de sodium le sont extrêmement peu. La soude et la magnésie le sont davantage et l'urate de chaux encore plus.

En se servant de deux petites boîtes de carton accolées l'une en forme de parallélipipède, l'autre de prisme très allongé de même longueur et de même base, le premier rempli d'urate de chaux, l'autre de phosphate de chaux tribasique et les soumettant simultanément à la radiographie, il a été facile de constater que l'urate de chaux est huit fois plus transparent que le phosphate. Car, l'unité de teinte des deux photographies ne se trouve que dans le point où l'épaisseur de ce dernier est huit fois moindre que celle de l'autre.

On comprend par là que les endroits des os où les urates se substituent aux phosphates deviennent beaucoup plus transparents.

On comprend aussi que l'ostéite condensante, provoquée par ces dépôts dans leur voisinage, détermine la formation de zones relativement opaques

La radiographie pourra donc aider le diagnostic, dans les cas où il y aura doute pour savoir si c'est la goutte ou le rhumatisme chronique osseux.

Chez les sujets qui seraient affectés de nodosité d'Heberdeen, lésions dont la nature goutteuse est encore un sujet à débattre, on trouve, au niveau des phalanges, des taches transparentes fort distinctes, qui semblent devoir trancher le différend en faveur de ceux qui admettent la goutte comme origine première de cette affection. (Académie des sciences, comptes rendus, janvier 1897.)

Les résultats des expériences des docteurs Potain et Lerbanesco sont fort remarquables, malgré la contradiction que leur conclusion a rencontrée dans le corps médical, chez certains praticiens.

MM. Barthélemy, Beclère et Oudin ont également étudié le même sujet et ont transmis à l'Académie un certain nombre d'épreuves comparatives de mains et de pieds normaux, goutteux et rhumatisants de même âge pour avoir une comparaison exacte (fig. 43).

Les expériences faites sur des malades atteints de calculs quelque soit le siège de cette maladie peuvent être révélés avec la plus grande facilité par l'emploi des rayons X. On sait quelles sont les douleurs atroces que subissent les malheureux que torturent la pierre, les calculs biliaires ou néphrétiques. Ce qui rend l'expulsion de ces cailloux difficile, ce qui fait que la maladie est difficilement curable d'une façon définitive, c'est que le médecin, au début de la formation des calculs, ne se rend pas

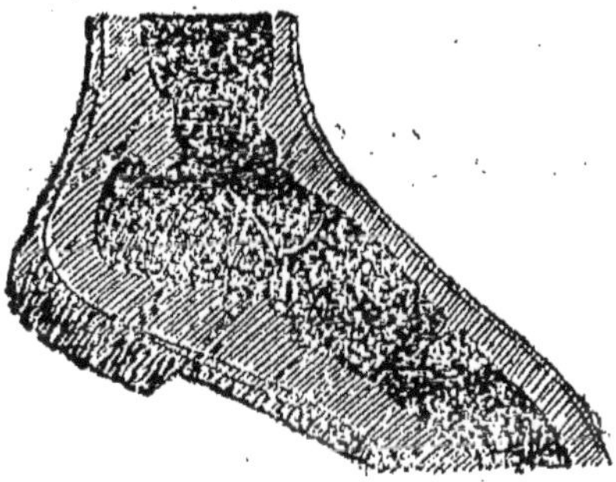

Fig. 43. — Pied normal dans son soulier

toujours compte de la gravité du mal. Grâce aux rayons X, les calculs, quelle que soit leur nature, peuvent être dévoilés dès les premières douleurs.

On reconnaîtra sans peine leur grosseur et leur composition. A-t-on affaire à des cristaux d'urate de chaux, la transparence sera bien plus grande que si l'on n'a devant soi que des dépôts de phosphate de chaux.

L'acide urique pur et le phosphate double d'ammoniaque et de magnésie seront moins opaques que le phosphate ou l'urate de chaux.

On peut ranger les divers calculs suivant l'opacité croissante en cet ordre : 1° phosphate magnésien (1) ; 2° urate de soude et acide urique (3) ; 3° urate de chaux (4) ; 4° oxalate de chaux (10) ; 5° phosphate de chaux (16). Ce dernier étant 16 fois plus opaque que le premier. Grâce à ces travaux, on peut, soit par des moyens chirurgicaux, soit par la thérapeutique, arrêter le mal et le supprimer lentement et radicalement. Les expériences de MM. Gaiffe et Lavaux ont ouvert une nouvelle carrière aux rayons X par l'étude des calculs.

Nous croyons devoir faire figurer, sous la même rubrique une application particulièrement intéressante des rayons X. On reproche aux médecins de délivrer trop facilement des certificats de décès. Un individu, qui a une rigidité cadavérique, toutes les apparences de la mort, peut bien être vivant : le procédé qui consiste à passer une glace devant la bouche du malade, pour s'assurer qu'elle ne se ternit pas, est un moyen très insuffisant. Il y a des morts qui sont vivants : ils ne vivent pas en apparence, ayant le froid, la raideur, l'aspect du cadavre, ils ne respirent pas, ils ne mangent pas. Chez eux, la circulation du sang est tellement faible, qu'on ne peut la percevoir et ces malheureux peuvent être ensevelis dans cet état de vie latente sans pouvoir protester. Ils souffriront dans leurs cercueils, le plus épouvantable supplice : la mort lente dans l'obscurité la plus complète, sans air, sans nourriture ; s'ils sortent de ce sommeil, c'est pour périr asphyxiés, luttant avec désespoir contre cette terre qui les étouffe, contre ces planches qui les condamnent à la mort épouvantable que les anciens réservaient aux pires criminels et que nous n'évitons à ceux-ci que pour la laisser à d'honnêtes gens. Sans vouloir faire une digression trop longue, nous ne pouvons omettre les centaines de cas de morts qui ressuscitent journellement, soit au moment d'être mis en bière, soit pendant la cérémonie religieuse, soit au dernier moment, alors que les premières pelletées de terre frappent la caisse mortuaire.

De grands personnages, dont un archevêque de Bordeaux, furent victimes de ces inhumations précipitées, mais purent échapper à cette mort terrible; combien y sont restés qui vivaient encore ? L'ignorance du médecin ou l'incapacité de la médecine pouvaient, en ce temps, être arguées. Il n'en sera plus de même, maintenant, espérons-le, sans trop y compter. Si l'on radiographie le mort soupçonné de ne pas l'être, on pourra très simplement découvrir la vérité; si c'est un cadavre, les intestins se dessineront nettement; autrement, en cas de vie, ils seront invisibles. Mais une objection, qui nécessite une étude que les spécialistes devraient faire, se présente : Chez un léthargique, qui a toutes les apparences de la mort, les intestins ne paraîtront-ils pas nettement? Cette application ne deviendra réellement possible que lorsque ce point non encore éclairci sera bien établi.

b) RADIOGRAPHIE CHIRURGICALE. — § 1. *Etude des fractures et luxations.* — Les fractures des membres sont souvent difficiles à déterminer et à réduire, parce qu'on ne se rend pas bien compte de la remise en état des os brisés. Il en résulte une claudication pénible, une plus grande difficulté de se servir du membre restauré. Le médecin brise quelquefois la fracture réduite pour la réduire parfaitement; il en résulte une grande souffrance pour le malade. Avec les rayons X, il n'y a pas à craindre ces contretemps. La fracture est réduite, bien bandée et, si cela est nécessaire, enserrée dans une gouttière formée de toile imbibée de silicate de soude. On radiographie et l'on peut ainsi s'assurer du contact parfait des parties brisées homologues.

Si l'on voit un défaut, on peut recommencer jusqu'à ce que la position des os soit telle que la soudure soit parfaitement normale.

Dans certains cas, la radiographie d'un membre foulé ou contusionné peut faire reconnaître une fracture insoupçonnée : ceci s'est présenté récemment dans un cas assez grave, que j'ai pu étudier de près, où l'on devinait une fracture d'un doigt, alors que le poignet lui-même était atteint. Lorsque la foulure est grave, il est souvent nécessaire de procéder à cette radiographie si l'on veut éviter qu'une fracture non réduite entraîne une déformation irréparable d'un membre.

Dans tous les cas, on doit employer des pansements et des gouttières en tissus très perméables aux rayons X, c'est-à-dire éviter le plâtre pour les confectionner et le remplacer par de la sciure de bois aseptique, mise en pâte avec du silicate de soude, par exemple, ou encore employer des bandes imbibées de cette dernière substance.

§ 2. *Recherche des objets étrangers dans le corps humain.* — Cette partie de la radiographie tient autant de la médecine que de la chirurgie, car il peut arriver que le médecin se serve des rayons X pour s'assurer qu'un malaise n'est pas dû à l'absorption d'une pièce métallique ou autre.

1. *Pièces de monnaie.* — Ceci est un cas fréquent chez les enfants à qui l'on donne, pour s'amuser, des sous ou des jouets contenant des pièces métalliques mal attachées. L'enfant avale le sou et est très malade.

Citons un cas du laboratoire du docteur Boëtteau. Une petite fille de 8 ans était depuis l'âge de 3 ans atteinte d'une maladie d'estomac, elle ne pouvait digérer que le lait et les aliments liquides. Le médecin de sa famille songe à la faire radiographier. On aperçoit sur l'épreuve un rond bien noir au milieu de l'œsophage. Mais, sur les 2 clichés, pris l'un sur l'estomac, l'autre sur le dos, il n'y avait que le premier qui donnât l'image du cercle noir. Il y avait donc là la preuve que la rondelle métallique qui était cause de la maladie de la petite fille, se trouvait bien dans l'estomac. Grâce à ce cliché, une opération toute simple permit l'extraction de la pièce de monnaie. Depuis ce temps, la petite fille mange et digère fort bien.

2. *Os.* — Une femme de ..... (1) était malade depuis plusieurs années, elle maigrissait à vue d'œil : tout le monde la croyait phtisique. A l'examen radiographique, le poumon semblait très sain. Par hasard, l'opérateur reconnut une anomalie dans le bas de la gorge; l'épreuve du cliché pris de

(1) C'est un cas que j'ai pu étudier dans le laboratoire du docteur Boëtteau.

la partie anormale du cou révéla l'existence d'un objet qui ressemblait à un os de poulet. L'opération fut faite sans difficulté, et on reconnut que c'était un tout petit os qui, logé en travers du gosier, empêchait les aliments de passer.

3. *Aiguilles.* — Lorsqu'une aiguille, logée dans une partie quelconque du corps, est invisible, la radiographie déterminera exactement le point où elle se trouve. Cette radiographie sera facile à exécuter, le métal arrêtant bien les rayons X. Seulement, l'opération doit être faite aussitôt la radiographie exécutée, les aiguilles se déplaçant facilement dans le corps humain.

4. *Eclats de verre, de porcelaine.* — Les premiers sont faciles à décéler par les rayons X, quand ils sont en verre plombeux; quand ils sont en d'autres verres, il faut une pose très courte pour obtenir des résultats.

5. *Projectiles.* — Les projectiles sont faciles à radiographier : il n'y a de précautions à prendre que pour l'extraction et la détermination exacte du point où se trouve la balle. Nous indiquerons plus loin les méthodes à suivre pour cela. On a, par cet-

te méthode, pu retrouver dans le crâne, dans des os des genoux ou des jambes, des balles qui y étaient logées depuis longtemps et qu'on n'osait pas extirper par crainte de complication et de difficultés, étant donné l'ignorance où l'on était de leur emplacement exact.

6. *Epines, échardes de bois.* — Ces corps étrangers sont difficiles à radiographier, leur opacité étant égale ou même inférieure à celle des muscles. Il y aurait peut-être lieu, pour obtenir quelques résultats, de faire une auto ingestion de sels métalliques. Je conseillerai, dans ce cas, de faire plonger la main, pendant une demi-heure au moins, dans une solution de sulfate de cuivre au d'acétate de plomb, puis de la laver. Le sel pénètre dans la blessure invisible et injecte l'épine ou l'écharde qui devient ainsi plus opaque que le reste du corps.

7. *Gibosités opérables.* — Les rayons X peuvent, dès les débuts des affections de la colonne vertébrale, donner les indications précises sur la nature du mal et permettre de remédier aux gibosités qui pourraient se produire.

MM. Chipault et Londe ont fait des études très sérieuses sur cette partie de la chirurgie combinée à la radiographie. Ils ont pu ainsi déterminer, dans certains cas, la cause de la déviation ou de l'absence de croissance de la colonne vertébrale. En général, cette cause est une scoliose ou un mal de Pott.

Il est très difficile, en certains cas, de dire nettement quelle est la maladie origine de la déformation, car il peut se produire aussi des sortes de tuberculose : la radiographie montre, par une lacune, la destruction des os par l'abcès. D'autre fois, le mal peut être causé par l'hystérie, par du rachitisme.

Lorsqu'il y a torsion de la colonne vertébrale par ces affections, on le voit bien nettement : le traitement sera donc tout simple. Pour affirmer la guérison, la radiographie sera très utile, particulièrement pour les ostéomyélite et le rachitisme. Pour contrôler la position des pinces métalliques destinées à redresser les os difformes — une de ces méthodes que nous n'approuvons pas, car c'est un supplice affreux pour le malade — la radiographie permettra de contrôler la bonne position de l'appareil redresseur.

8. *Grossesse.* — Dans ce cas, la radiographie ne donne pas tous les résultats qu'on s'en promettait.

On peut dès maintenant s'assurer de l'existence du fœtus, s'il est âgé de plusieurs mois : on ne pourra donc plus dans ce cas faire l'opération d'une tumeur qui n'existe pas, comme cela est maintes fois arrivé. On pourra facilement reconnaître sa position; s'il est vivant ou mort. On peut, avec moins de chances de succès, reconnaître s'il y a un ou plusieurs fœtus. Il sera néanmoins difficile, sinon impossible de reconnaître le sexe qui, quoique antérieur à la conception, ne devient apparent qu'à la fin de la grossesse et même en certains cas ne devient apparent qu'après la naissance. Sur les animaux les résultats sont relativement bons : avec un peu de foi on peut dire que les résultats sont parfaits. Mais les épreuves parfaites sont très difficiles à obtenir : il faut même tuer la mère pour arriver à un demi résultat. Dans tous les cas il faudra placer l'animal à 35 centimètres au moins et 55 centimètres au plus de l'ampoule. La pose sera plutôt courte que longue. Suivant MM. les Professeurs Pinard et Varnier il faut compter sur deux minutes par centimètres d'épaisseur du corps en plaçant le corps à 50 centimètres de l'ampoule (1).

c) RADIOGRAPHIES INTERNES. — On pratique, depuis longtemps, l'éclairage du corps au moyen de petites lampes électriques minuscules suspendues à du fil très flexible, incassable et très fin. On a songé à employer ce système en substituant à la lampe ordinaire une ampoule de Crookes. Ce qui sera le plus pratique pour cette opération, c'est un tube focus Collardeau, minuscule, enveloppé dans un étui en buis. De sorte qu'on évitera, en cas de rupture du tube, des accidents assez graves. M. Bouchacourt (2) (mars 1898) a obtenu ainsi de bons résultats.

---

(1) Il est difficile de radiographier les gros animaux. C'est ainsi qu'au delà de 40 centimètres d'épaisseur du corps, il ne faut pas compter sur un résultat.

(2) Bouchacourt (*Thèse du doctorat*, 7 juillet 1898). — Dans cet ouvrage, l'auteur indique son dispositif qui diffère de celui indiqué ci-dessus par l'emploi d'un tube en nickel ouvert en face la cathode par un disque de celluloïd.

Il est nécessaire de substituer, dans ce genre de radiographie, une machine électro-statique dont le positif est relié à la terre à la bobine de Ruhmkorff et aux piles.

On peut, par cette méthode, obtenir des détails impossibles à avoir autrement, particulièrement dans les photographies du bassin, de l'œsophage et de la grossesse.

d) APPLICATIONS AUX ÉTUDES ANATOMIQUES. — Dans le corps humain, le sang est parfaitement transparent, les os sont parfaitement opaques sous une certaine épaisseur. Entre ces deux extrêmes, il y a des graduations infinies de transparence aux rayons X.

Dans le cas où l'on voudrait obtenir une radiographie des parties opaques, rien n'est plus simple; mais si l'on veut, au contraire obtenir la radiographie de la circulation du sang, du système nerveux, il faut recourir à des subterfuges et opérer sur des cadavres. On injecte, suivant la méthode indiquée, dès 1896, par M. Jean Perrin, un liquide contenant un sel métallique en dissolution dans les veines du sujet. Une solution de sublimé à saturation est parfaite, on peut lui substituer des solutions d'acétate de plomb, de sulfate de fer ou de cuivre. Le corps, ainsi préparé, donne des radiographies splendides des veines et des artères.

MM. Charles Remy et Contremoulins ont obtenu, par une autre méthode, d'aussi bons résultats : ils injectent dans les veines de l'animal à reproduire une solution de gomme laque dans l'alcool additionnée de bronze commercial. (Comptes rendus, novembre 1896.)

MM. Destot et Bérard, ayant obtenu des déboires avec ces deux méthodes, ont imaginé de produire, par la méthode chimique, dite de double décomposition, un dépot métallique beaucoup plus opaque que n'importe quelle solution. On injecte dans les veines du cadavre de l'acétate ou du nitrate de plomb. Lorsque cette injection est bien complète (il y a là une question d'habitude pour bien juger de la quantité de liquide que doit contenir un organe ou un être déterminé), on fait une seconde injection saline; celle-ci est formée de l'un des sels suivants en solution dans l'eau : chromate de soude ou de potasse, sulfure de potassium, iodure, carbonate ou chlorure de sodium.

Les deux premiers sels sont d'un usage plus commode et donnent de meilleurs résultats. Dans les veines, la décomposition se fait suivant la formule :

$$2\,(PbO\ AzO^5\ HO) + NaO^2\ CrO^3 =$$
azotate de plomb + bichromate de soude =

$$2\ PbO\ CrO^3 + 2\ (NaO\ AzO^5\ HO)$$
chromate de plomb + 2 (azotate de soude).

MM. Destot et Bérard préféraient la méthode à l'azotate d'argent à 2 %, suivie d'une injection réductrice de glucose et formol à 2 %, additionnée de 1 % de potasse. Ils ont ainsi obtenu de fort belles images de la circulation dans le cerveau. Par l'une ou l'autre de ces trois méthodes, sans dissection pénible, on est arrivé à connaître à fond la circulation dans tous les organes : le cœur, le cerveau, les poumons, les reins, l'utérus, les mains, les jambes, les pieds, etc.

La radiographie est appelée à rendre les études anatomiques plus propres, moins repoussantes. A l'étude nauséabonde du cadavre en décomposition avancée que l'étudiant est obligé de couper et de disséquer, souvent sans résultat, pendant des semaines, on substituera de plus en plus l'injection intra-veineuse qui demande, certes, du temps et des soins, et la radiographie qui permettra d'étudier à loisir ce que le dégoût aurait pu empêcher de voir.

e) RADIOGRAPHIE ET HISTOIRE NATURELLE. — Les sciences naturelles ont eu recours à la radiographie pour reproduire des objets de collections tel que des poissons ou

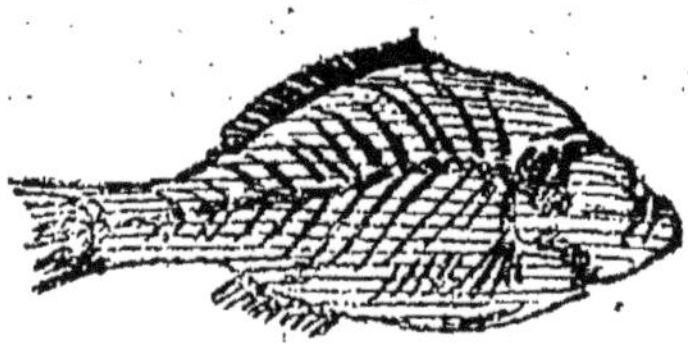

Fig. 44. — Poisson (Radiog. Radiguet)

des insectes dont on ne connaissait pas le squelette, faute de les pouvoir autopsier : une pièce disséquée étant toujours perdue (fig. 44).

En botanique, on peut se servir avec fruit des rayons X pour radiographier les boutons de fleurs naissants et se rendre compte de la marche de l'épanouissement des corolles.

En paléontologie, on peut radiographier les pièces fossiles, les coquillages qui se reproduisent avec des finesses telles qu'on croirait que ce sont des photographies ordinaires.

L'étude des momies a révélé des supercheries assez drôles : tandis que les radiographies de momies laissent d'ordinaire apercevoir des squelettes d'hommes, d'enfants ou d'animaux, on a reconnu dans plusieurs d'entre elles des jouets en bois recouverts de bandelettes de papier et de toiles.

CHAPITRE VI

Applications diverses des Rayons X

Sous ce titre, nous ferons figurer toutes les petites opérations radiographiques. Mais, auparavant, nous voulons parler des crimes qui ont été reprochés aux rayons X.

On a signalé, dès le début de la découverte de Rœntgen, un certain nombre d'accidents assez graves causés par les rayons X. C'est ainsi que le docteur Crookes, ayant radiographié un thorax avec une pose d'une heure à 12 centimètres de l'ampoule, vit le lendemain la peau rougir, devenir très douloureuse. Au bout de 6 jours, elle était raide, dure et noire. Le neuvième jour, elle était couverte de pustules. L'ulcération a duré deux mois, laissant une partie suppurante.

M. Soret a signalé un cas chez un sujet qui, même sans l'action des rayons X, avait des plaies purulentes. MM. Richer, Londe et Aspostoli ont signalé des cas d'erythèmes, de maladies de peau très difficiles à guérir, dûs à l'action des rayons X. En général les poils tombent, les ongles deviennent cassants, les mouvements des mains sont pénibles, quelquefois un tremblement nerveux s'ajoute aux autres phénomènes. Nous ne parlerons que pour mémoire des cheveux perdus par des sujets loués moins intéressants.

Dans tous les cas, où ces accidents se sont produits, il y a eu une faute de la part de l'opérateur : ou il a trop posé pendant des heures entières, ou il a placé l'ampoule trop près du sujet, ou enfin, dans ces deux cas, il n'a pas pris toutes les précautions voulues. Si nous nous éclairons avec une lampe à pétrole et que nous mettions notre main à 1 centimètre du verre il y a bien des chances pour que dix minutes après nous ayons la main à moitié cuite. Si à 12 centimètres d'un feu de coke nous laissons notre main pendant seulement cinq minutes elle commencera à rôtir, elle passera par plusieurs états intermédiaires : elle commencera par rougir, par nous demanger, des vésicules se formeront, puis la peau séchera.

L'ampoule de Crookes est un foyer comme le feu de coke : il émet des vibrations diverses comme ce dernier, rayons X, rayons cathodiques, chaleur, vibrations électriques. S'il n'y avait que des rayons X, il n'y aurait pas d'accidents. La chaleur, quoique faible, peut bien être un peu cause des dermatites signalées. On préfère pourtant les expliquer par les vibrations électriques qui créent « un champ électrique » : à une petite distance de l'ampoule, il y a dans l'air de l'électricité qui bombarde l'espace. Il n'y a qu'un moyen d'éviter les accidents signalés plus haut : c'est de se tenir à distance raisonnable, c'est-à-dire au moins à 20 centimètres de l'ampoule et ensuite d'arrêter l'effluve électrique. On y parvient aisément en interposant entre l'ampoule et le sujet un écran formé d'une feuille mince d'aluminium tendue sur un cadre de métal et reliée au sol par une chaîne.

Grâce à ce dispositif, les accidents sont

moins fréquents (1). Néanmoins, les radiographes qui passent leurs journées entières dans le laboratoire risquent leurs membres et leur vie. Le savant physicien de Paris, M. Radiguet, qui avait bien voulu nous communiquer quelques-unes des radiographies reproduites ici, fut lui-même victime de son amour de la science. Sa mort, que nous pleurons tous, fut causée par les brûlures répétées des Rayons X.

Du reste, il serait souverainement ridicule de reprocher au soleil de nous éclairer et de nous chauffer parce qu'il cause des insolations. On se moquerait du personnage qui, parce que le soleil a fait périr quelques individus, se tiendrait tous les jours dans une cave et ne sortirait que la nuit. Les adversaires des rayons X font de même et personne ne se moque d'eux : ils se cachent aux clartés de la science préférant les veilleuses peu éclai-

(1) On fabrique des gants protecteurs contre les rayons X qui permettent aux radiographes d'éviter ces accidents qui ne se produisent que par l'emploi répété tous les jours et pendant de longues séances des rayons X. Ces étoffes protectrices sont à recommander.

rantes qui ne brûlent pas mais ne permettent guère d'y voir. J'ai constaté avec regret que ce sont ceux qui pourraient tirer le plus de parti des rayons X qui les dédaignent le plus : ils craignent peut être que cette lumière indiscrète ne révèle leurs bévues.

***

Les applications de la radiographie ont été si nombreuses, qu'on ne sait trop par où commencer : les falsifications, les engins des anarchistes, les pailles des métaux, la structure intime des objets métalliques sont révélés par les radiations de Rœntgen. Un certain nombre de maladies peuvent être améliorées et même guéries par eux.

On sait combien le diamant vrai est difficile en certains cas à distinguer de faux diamants. Les rayons X donnent le moyen de les discerner sans peine. On emploie pour faire les faux diamants des verres très beaux et très riches en plomb et partant fort opaques. Au contraire, le vrai diamant, comme tous les composés non métalliques du carbone, est très transparent.

Sur la radiographie le vrai diamant sera donc tout blanc tandis que le faux sera noir (fig. 45).

Du reste, pour reconnaître les vrais des faux diamants, il est inutile de se servir de

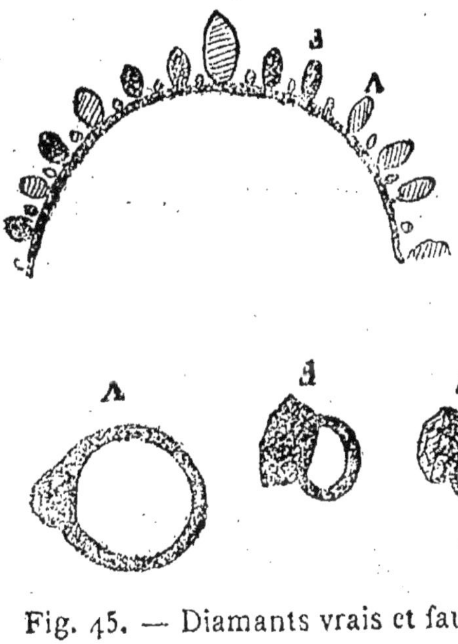

Fig. 45. — Diamants vrais et faux

plaques photographiques : l'écran radioscopique fournit des indications suffisantes et si précises, qu'on ne peut confondre un diamant vrai d'un faux. Il n'est pas besoin d'être bien habile en radioscopie pour voir la différence.

Les autres pierres précieuses : rubis, émeraude, saphir contiennent du silicate d'alumine pas tout à fait aussi transparent que le diamant, mais, néanmoins, se laissant facilement traverser, et un oxyde métallique qui les rend un peu plus opaques. Les imitations de rubis se font avec du verre plombeux additionné de protoxyde de cuivre. Le grenat artificiel est du verre additionné de fer. L'émeraude contient de l'oxyde de chrome; le saphir, du cobalt ou de l'oxyde de cuivre; l'amethyste, du peroxyde de manganèse, de sorte qu'ils paraissent beaucoup moins transparents que les pierres précieuses naturelles. Si l'on emploie du verre plombeux, l'opacité est absolue.

M. Abel Bugnet est arrivé à distinguer parfaitement les petites perles fines des fausses. Quand elles sont grosses, il ne faut pas compter sur ce moyen pour les différencier.

Quoique les perles vraies soient moins opaques que les fausses, elles le sont néanmoins assez, pour qu'à une certaine dimension, on ne puisse les distinguer, l'opacité des perles arrêtant bien les rayons X.

On a reconnu que les papiers d'étain qui servent à envelopper le chocolat, le nougat sont malsains quand ils contiennent du plomb. Or, à l'examen radioscopique, le

Fig. 46. — Radiographie de grenouille (d'après cliché Radiguet)

papier d'étain est transparent. Celui de plomb ne l'est pas, et un papier d'alliage de plomb et d'étain est beaucoup moins transparent que celui d'étain pur.

Il y a donc une fraude dont les fabricants de chocolat sont victimes quelquefois qui peut être facilement réprimée grâce aux rayons X.

On a proposé le même examen pour les objets en étain : mais ce moyen est peu praticable, à cause de l'épaisseur assez grande des objets de cuisine faits avec ce métal.

Puisque nous en sommes aux fraudes, signalons une application à laquelle on ne se serait guère attendu. On reproche aux administrations d'être routinières, têtues et ennemies des nouveautés. Ceci est vrai en général, mais il y a d'honorables exceptions destinées à confirmer la règle. Le savant M. Pallain, étant directeur général des Douanes françaises, voulut prouver qu'il savait utiliser pour son service les découvertes nouvelles : il décida donc que, dorénavant, au lieu d'ouvrir les colis suspects on les radiographierait. Cela marcha sans encombre pendant quelques jours : chaque bureau de douane avait son petit laboratoire. Une ampoule de Crookes projetait ses rayons sur les colis douteux et avec l'écran fluorescent on examinait si rien de frauduleux ne se montrait. Il y a un mais, c'est que les dentelles, les tabacs, les allumettes et quantité d'autres objets imposés souvent à un taux assez élevé ne sont pas révélés par les rayons X. Par hasard, un litre de liqueur dissimulé dans une malle; un jambon caché dans du linge; des objets mis dans le double fond d'une caisse ont été reconnus grâce aux rayons X. Bref, cette application de cette découverte ne pouvait rendre que des services très inférieurs à la dépense faite pour l'installation du laboratoire. Et puis, pour tout dire, que d'intérêts ont été lésés par l'emploi de l'ampoule. Les voyageurs français, revenus d'Ecosse, d'Irlande, de Belgique, de Hollande, d'Italie ou d'Espagne avec quelques douzaines de clichés non développés, ont vu tous leurs souvenirs de voyage perdus sous un voile causé par les rayons X. Tous les photographes protestèrent. M. Charles Mendel prit l'initiative d'une pétition monstre qui fut couverte de signatures. Cela n'aurait servi à rien si quelques voyageurs lésés n'avaient intenté des actions en dommages et intérêts à la Direction des douanes. Ce nouveau service radiographique fut supprimé par crainte des indemnités à payer. Ce ne fut pas un grand malheur : la radiographie ne remplaçait pas du tout l'inspection oculaire.

M. Girard, du laboratoire municipal de Paris, trouva une application plus sérieuse. Tous les jours, toutes les semaines, des gens mal intentionnés ou des fumistes déposent dans quelques coins des objets explosifs ou simulant la bombe. Le laboratoire municipal est chargé de découvrir ce que ces boîtes suspectes peuvent contenir. Il fait ce service sans bruit et sans jamais avoir sauté. Néanmoins, M. Girard voulut donner plus de sécurité à son personnel et, pour cela, a eu recours aux rayons X. Ce moyen a un avantage sur tous ceux employés auparavant : c'est qu'il permet de distinguer très facilement les détails des objets contenus dans l'intérieur d'une boîte en bois, en fer blanc ou d'une bouteille. La pose sera considérablement allongée dans le second cas. Quand le secret de l'intérieur de la boîte est révélé, il n'est pas difficile de l'ouvrir sans danger et d'étudier l'explosif y contenu. On cite comme exemple le cas d'un volume adressé à je ne sais plus quel gros personnage bien en vue et bien détesté de certains ennemis politiques. Ne trouvant pas l'aspect du paquet bien engageant, il l'avait remis à M. Girard. La radiographie avait appris que ce volume était un cartonnage bardé de lames métalliques. Un ressort qui se déclanchait quand on tirait la couverture faisait détonner une capsule qui enflammait l'explosif et les cartouches y contenues. Le fil de fer qui reliait la couverture du livre au ressort fut coupée sans peine et l'on reconnut la qualité de cette bombe envoyée comme échantillon recommandé.

C'est une erreur profonde que de croire que la poste puisse savoir à l'aide des rayons X ce que contiennent les lettres et les paquets confiés à ses soins. Si les lettres peuvent, par la lumière très vive du soleil, être photographiées par transparence, elles ne peuvent l'être au moyen des rayons X que l'encre n'arrête pas. Les paquets et échantillons pouvant toujours être ouverts par la poste, il est ridicule de songer à les radiographier pour connaître leurs contenus.

On peut, en prolongeant la pose, traverser les métaux. Une tige de fer, un canon de fusil peuvent très bien nous paraître excellent, alors qu'ils contiennent des « pailles ». La radiographie de ces objets nous montrera les défauts que nous n'aurions pu deviner sans cela. Les expériences les plus intéressantes sur ce sujet sont celles de M. Radiguet qui est arrivé à reproduire une serrure avec tous ses détails internes et les défauts de ses diverses piè-

Fig. 47. — Safran additionné de sulfate de baryte (A) et normal (B)

ces métalliques. Il a fait de même le mécanisme du fusil Lebel. M. Abel Buguet a reproduit les plus fins détails d'un chronomètre à l'aide des rayons X.

Les falsifications d'un certain nombre de substances peuvent être révélées par l'emploi des rayons X.

C'est ainsi que de la farine pure, mise entre deux feuilles de bristol, est absolument transparente; si elle est additionnée de plâtre ou de craie, elle ne l'est presque plus. Le safran alourdi par du sulfate de baryte (fig. 47), la quinine additionnée d'un peu de ce corps, l'amidon falsifié par la craie sont facilement différenciés d'avec les produits purs : ces derniers sont très transparents, tandis que les produits falsifiés sont beaucoup plus opaques.

Les tribunaux ont eu à juger des procès concernant les accidents où les rayons X ont servi de preuve ou tout au moins de motifs pour les juges. Nous ne citerons aucun de ces cas, parce qu'il y en a beaucoup trop et que ce serait commettre une injustice que de citer deux ou trois tribunaux jugeant d'après les rayons X quand il y en a des centaines qui l'ont fait.

CHAPITRE VII

Radiothérapie

L'application des rayons X qui nous paraît la plus sérieuse, celle qui a les plus grandes chances d'avenir (après l'application au diagnostic médical et chirurgical) est celle qui consiste à les employer comme moyen de guérison. Certains sels, certains métaux, l'eau, l'électricité, la lumière, l'air et quantité d'autres choses servent, ont servi ou serviront à guérir les maladies. De là, on a divisé la médecine qui guérit (par opposition à celle qui détermine la cause ou l'effet maladif) en autant de branches : la métallothérapie, l'hydrothérapie, l'électrothérapie, la photothérapie, l'aérothérapie; elles ne constituent qu'une infime portion des moyens de guérir, c'est-à-dire de la thérapeutique. Les rayons X ont donc pu constitué une autre = thérapie : la Radiothérapie. Disons-le, sans ironie, le mot fut inventé avant la chose. Aussitôt que les rayons X furent trouvés et connus, on parla de guérir toutes les maladies grâce à eux : la radiothérapie existait. Des expériences hâtives, mal conduites furent faites qui mirent le désespoir au cœur des guérisseurs qui renoncèrent en majorité à radiothérapiser. Quelques chercheurs, obstinés ou patients, continuèrent pourtant leurs travaux : ils obtinrent de bons, d'excellents résultats. Les charlatans, ceux qui cherchent à se faire un nom avec la découverte du voisin, n'ont pas, à coup de réclame, fait connaître les résultats de ces savants. Il est de notre devoir de les signaler.

M. Bouchard est le premier qui songea à utiliser l'action curative des rayons X dans le cas de maladies osseuses. Il avait à soigner un jeune homme très lymphatique, chez qui une fracture de la jambe ne voulait pas se cicatriser par suite de la constitution maladive du patient. D'ordinaire, une fracture se « recolle » vite lorsque le malade est bien portant et le contact des os suffisant : il se forme un bourrelet incrusté de sel de chaux qui soude les deux parties de l'os brisé. Ici, par suite du lymphatisme du malade, la soudure ne se faisait pas. M. Bouchard soumit le patient aux rayons X et très rapidement les deux parties d'os se réunirent, le bourrelet osseux se formant d'une façon normale. Par des raisons assez spécieuses, on avait critiqué l'expérience de M. Bouchard; mais, depuis, on en a reconnu la vérité, et on peut affirmer que, toutes les fois qu'il y a ralentissement de la croissance osseuse, les rayons X peuvent et doivent même rendre des services.

La Tuberculose, dès les débuts des rayons X, fut traitée par eux. Le premier cas remarquable de guérison est celui que MM. Du Castel et Rendu traitèrent conjointement avec le docteur Potain. Tandis que ce dernier affirmait que les rayons X n'y étaient pour rien et voulut le prouver par des expériences, les deux autres médecins disaient que la radiographie seule avait guéri le malade dont l'état semblait désespéré avant le traitement. Il y eut une lutte acharnée entre les partisans et les ennemis de la radiothérapie. Ces derniers, avec des petits flacons de culture qu'ils radiothérapisèrent, prétendirent que les microbes se portaient tout aussi bien après qu'avant le traitement, donc la tuberculose ne pouvait être guérie par les rayons X. On objecta que les petites bouteilles ne prouvaient rien; qu'il y a toujours une différence entre l'action d'un médicament sur des cultures et sur un malade. Comme les ennemis des rayons X étaient des notabilités médicales, après leur jugement, tout le monde se tut. Cependant, en 1897, MM. Bergonié et Mongour, au Congrès international de médecine de Moscou, firent part de leurs expériences sur des malades tuberculeux. Deux cas de tuberculose compliquée d'alcoolisme et d'affaiblissement général, traités par les rayons X, n'avaient pu être guéris. Un cas de tuberculose chronique n'avait pas été amélioré. Un autre cas chronique avait été guéri complètement. Enfin, dans le dernier cas, il y avait eu amélioration pendant six semaines, puis rechute très grave.

Au Congrès des rayons X de 1900, un grand nombre d'observations furent produites. On peut les résumer ainsi : « Tous les cas de phtisie, au premier et au second degré, non compliqués d'affaiblissement général ou d'une maladie plus grave, sont améliorés ou guéris. Au contraire, au troisième degré, il y avait plutôt aggravation dans certains cas et dans d'autres aucun résultat.

Pour la tuberculose débutante, la radiographie est un moyen curatif dont l'utilité se fera de plus en plus sentir.

C'est dans le traitement du cancer que les meilleurs résultats ont été obtenus. On sait que le cancer est fréquent dans les lieux humides, mal éclairés, dans les pays brumeux. M. Noël prétend, avec quelques apparences de raison, que le cancer est une maladie de localité. Transplantez des descendants de cancéreux dans un pays très sain, très aéré, très ensoleillé, ils n'hériteront pas du mal de leurs ancêtres. D'après cela, il semblerait que les radiations de Rœntgen dans l'organisme jouent le même rôle que les radiations solaires.

Nous les avons vu causer de véritables coups de soleil lorsqu'on en usait sans précaution. Ces coups de soleil artificiels pourraient, dans un grand nombre de cas, arrêter le développement du microbe (encore inconnu) du cancer.

On a comparé l'action des rayons X, dans ce cas, à celui du soleil sur les champignons qui se dessèchent et périssent sous son influence. La comparaison est fort juste; mais, si les champignons sont tués, leurs spores, leur semence ne l'est pas, n'en serait-il pas de même des microbes du cancer ?

A Lyon, pays où le cancer est assez commun, paraît-il, nous trouvons un certain nombre de cas de guérison par les rayons X. Citons le cas d'un malade traité par le docteur Despeignes. La tumeur, en trois mois de temps, avait acquis le volume de deux poings. On craignait la mort du sujet à brève échéance, car il maigrissait à vue d'œil et avait le teint safrané. Après quelques jours de radiothérapie (le malade était exposé pendant 30 minutes à 50 centimètres d'une ampoule actionnée par une bobine donnant 5 centimètres d'étincelle et une batterie Radiguet de six éléments, on lui faisait subir deux fois par jour cette opération), le malade ne ressentait plus de douleurs, la tumeur diminuait, la teinte jaune disparut en moins de quinze jours. Pendant ce laps de temps, le patient cessa de maigrir et sa tumeur perdit cinq centimètres de chaque côté. Quelques mois après, le malade était complètement guéri.

L'analogie des radiations X avec celles du soleil est rendue encore plus frappante par le fait suivant qui tenderait à prouver que presque toutes les maladies peuvent être améliorées par les rayons X.

On sait que le soleil est un excellent antiseptique. Une culture de bacille de la peste, exposée au soleil pendant 12 à 18 heures, perd toute sa virulence. Les bacilles du choléra, les staphylocoques, les streptocoques sont rapidement atténués ou tués par les rayons X qui semblent, pour certains microbes, plus actifs que le soleil.

En résumé, l'action des rayons X est certaine pour la tuberculose et pour le cancer. Ils pourraient être utilisés pour la guérison de maladies dont on connaît déjà d'autres moyens de guérison absolument certains.

CHAPITRE VIII

Détermination de la position d'un objet opaque dans le corps humain

Dans tous les cas, la radiographie ne donne qu'une silhouette, c'est-à-dire que si l'on photographie une boîte prismatique ABCDEFG (fig. 48) dans laquelle, en un point quelconque O, on aura attaché

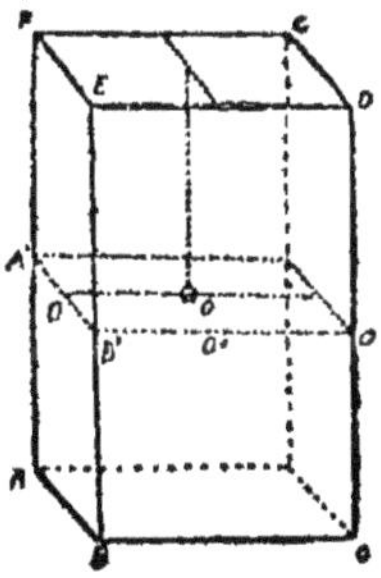

Fig. 48. — Détermination d'un corps opaque dans un objet transparent

une balle de plomb, on obtiendra sur la photographie une image ABEF dans laquelle la balle O semble au point o" sans qu'on puisse préciser exactement en quel point du plan A'B'C' se trouve la balle O. Si l'on refait une seconde photographie, suivant le plan BCDE, on pourra déterminer la position de O en O^2 dans ce nouveau plan. De sorte, qu'avec deux photographies successives, on connaîtra, à l'aide d'un repérage très simple, la position précise de l'objet cherché. Cependant, il peut arriver, que, par un phénomène encore mal expliqué, la radiographie ne donne pas trace d'image dans l'un et l'autre cas, ou tout au moins dans l'un des deux cas. Si nous avions affaire aux radiations ordinaires, nous pourrions supposer qu'il y a eu diffraction de la lumière, mais il n'en est pas de même des rayons X qui ne se réfractent pas, et qui ne sont pas réfléchis. On pourrait donc se demander, comme l'on fait certains savants, si, dans l'organisme, la force de Rœntgen ne se transforme pas en une nouvelle énergie de puissance égale, mais offrant cette différence avec l'autre de pouvoir se réfléchir. Je ne crois pas à cette hypothèse un peu gratuite, car elle ne s'appuie sur rien. Je serais plutôt tenté d'expliquer cet accident par le fait suivant : la lame cathodique est elle incurvée un tant soit peu, le rayon qui se propagera d'un point quelconque de cette surface sera non pas absolument parallèle au prolongement de la tige cathodique, mais un peu oblique. De sorte que, si l'on a un objet très petit et que la cathode soit très courbée, les rayons passeront facilement en-dessous de lui pour aller impressionner la plaque sensible. On l'explique aussi par une mauvaise position de l'ampoule par rapport au châssis, position qui permet aux rayons de pénétrer sous les objets opaques.

Le procédé si simple que nous venons de signaler fit l'objet de plusieurs communications à l'Académie des sciences. Les procédés de détermination de la position des objets opaques dans le corps humain n'ayant été découverts qu'après quelques tâtonnements.

La première des méthodes indiquées est celle de MM. Contremoulins et Remy, présentée par M. Marey à l'Académie des sciences. Voici du reste les termes mêmes du rapport de M. Marey :

« MM. Remy et Contremoulins ont pra-
« tiqué la radiographie sur un malade
« rendu aveugle par une balle de revol-
« ver logée dans le crâne. Le projectile,
« entré par la tempe droite, devait se trou-
« ver sur le trajet du nerf optique gau-
« che. Une épreuve radiographique mon-
« tra, en effet, qu'un projectile du calibre
« de 6 à 7 millimètres semblait occuper, à
« l'intérieur du crâne, la fosse qui sépare
« les deux orbites et qui paraissait être lo-
« gé en avant du chiasma des nerfs opti-
« ques et en arrière de la lame de l'eth-
« moïde.

« L'opération faite sur ces données a
« montré que le projectile ne se trouvait
« pas à l'endroit supposé. Le praticien put
« insinuer son doigt entre le cerveau et le
« crâne, mais il explora vainement tout
« l'ensemble cranien. Au cours de ce son-
« dage, le chirurgien crut avoir senti le
« projectile hors du crâne à la partie pro-
« fonde de l'orbite.

« Cette opération, qui, heureusement, « n'eut pas de suites mauvaises pour le « malade, n'a donc pas atteint le but qu'on « se proposait, parce que la radiographie « n'avait pas déterminé avec assez de pré- « cision la place du projectile.

« Pour éviter, à l'avenir, de pareilles in- « certitudes, M. Remy engagea M. Contre- « moulins à perfectionner le mode d'em- « ploi des rayons X. Celui-ci, après quel- « ques essais, annonça, qu'en employant « la méthode du colonel Laussedat, il dé- « terminerait exactement la position du « projectile par rapport à trois points fi- « xes pris à l'extérieur du crâne, et que, « sur ces données, il pourrait même cons- « truire un instrument spécial qui con- « duirait à coup sûr une tige mousse sur « le projectile lui-même.

« Comme expérience préparatoire, dans « un crâne sec, une balle de revolver fut « introduite par le trou occipital. Cette « balle, entourée de coton enduit de colle, « fut fixée à l'intérieur du crâne en un « lieu inconnu de l'opérateur, c'est ce lieu

« qu'il fallait déterminer d'une manière
« précise. Voici comment M. Contremou-
« lins opéra :

« Deux planches étant assemblées entre
« elles à angle droit, on a fixé à l'intérieur
« de cet angle des gabarits de bois dont le
« contour a exactement la forme du crâ-
« ne, depuis le haut du front jusqu'au mi-
« lieu de l'occiput. Cet assemblage, étant
« fixé au crâne d'une manière immuable,
« on adapte, sur l'un des côtés, un châs-
« sis photographique pouvant contenir
« des plaques 24 × 30; de l'autre côté du
« crâne, des supports montés sur le bâti
« portent deux tubes de Crookes, écartés
« l'un de l'autre de 28 cm. En faisant agir,
« tour à tour, chacune de ces lampes sur
« la plaque sensible du châssis, les rayons
« X émanent de sources assez éloignées
« l'une de l'autre pour donner les inter-
« sections de projections nécessaires pour
« construire une épure géométrique.

« Sur le crâne en expérience, M. Con-
« tremoulins a fixé extérieurement trois
« pointes métalliques, l'une au front et les

« deux autres sous les orbites. Ces trois « pointes et le projectile donneront leurs « images sur la plaque photographique, « et ces images y occuperont des positions « différentes selon que, pour les obtenir, « on se sera servi de l'un ou de l'autre des « tubes de Crookes.

« D'autre part, les châssis photographi- « ques portent intérieurement et extérieu- « rement des repères destinés à détermi- « ner la position exacte de la plaque par « rapport à l'ensemble du dispositif. En- « fin, l'opérateur se plaçant à une certaine « distance du crâne en expérience et des « dispositifs ci-dessus décrits, prend deux « clichés photographiques à la chambre « noire de deux points différents bien dé- « terminés. »

D'après ces deux clichés radiographiques et ces deux photographies, on fait une épure, d'après une méthode que le colonel Laussedat a décrite dans un traité qui est très connu :

« Avec cette épure, M. Contremoulins « construit un petit appareil très démons-

« tratif : il est formé d'un plateau sur le-
« quel s'élèvent quatre colonnes dont les
« positions et les hauteurs sont telles,
« que les sommets des trois premières co-
« lonnes représentent dans l'espace les po-
« sitions relatives des trois points de repè-
« res antérieurs au crâne : le point fron-
« tal et les deux points sous-orbitaires,
« tandis que le sommet de la quatrième
« colonne représente la position du centre
« de la balle.

« Ces documents étant obtenus, M.
« Contremoulins construisit un appareil
« très simple, chercheur du projectile, qui
« va permettre de porter une tige mousse
« sur le projectile même en passant par le
« chemin que le chirurgien désignera
« comme le plus favorable pour l'extraire.
« Ce chercheur est analogue au compas
« de praticien des sculpteurs. Il se com-
« pose de quatre branches dont trois sont
« fines et disposées de façon à pouvoir
« s'appliquer chacune sur l'un des som-
« mets qui, dans le schéma, représentent
« les points de repères du crâne. La qua-

« trième branche, flexible en tous sens, « porte un tube au milieu duquel glisse « une tige mousse.

« On oriente cette branche et l'on fait « glisser cette tige, de telle sorte que son « extrémité vienne s'appliquer sur le sché- « ma, au sommet de la quatrième colon- « ne, au point que présente la position du « projectile. »

Le chercheur, transporté sur le crâne, trouve lui-même le projectile en appliquant les trois branches fixes sur les repères, la quatrième montrera où se trouve la balle. Dans le crâne qui servit d'épreuve, le compas vint, en effet, frapper la balle; mais, dans la pratique chirurgicale, il n'en serait pas absolument de même. D'abord, il faudrait marquer les repères sur la peau du patient d'une façon peu altérable et coller au baume du Canada de petites rondelles métalliques (du plomb spécialement) sur ces repères. Ceci, n'offre aucune difficulté. Il n'en est pas de même pour la branche qui doit indiquer la position de la balle : elle la montre du doigt comme dans une rue obscure on peut vous montrer quelqu'un que vous ne voyez pas. Vous connaissez la direction où se trouve cette personne et c'est tout. De même ici, vous voyez la ligne droite sur laquelle doit se trouver le projectile. M. Contremoulins dit bien que le chirurgien indiquera la voie qu'il comptera suivre pour extraire la balle et que, d'après cela, la branche mobile du chercheur sera courbée ou brisée. La méthode de MM. Remy et Contremoulins, si ingénieuse, offre donc l'inconvénient d'être un peu compliquée et d'exiger la construction d'un appareil pour chaque cas. Ce sont des frais qui peuvent faire reculer plus d'un chirurgien et plus d'un blessé. Cependant, cette méthode a rendu des services, et il est bon de féliciter les inventeurs de leurs patientes rcherches.

M. Brunel emploie un procédé beaucoup plus simple et très ingénieux qui permet de déterminer, dans une seule séance et sur une seule plaque sensible, la position d'un projectile.

Pour cela, on pose le membre blessé sur une plaque sensible; sur deux petits supports, on place les ampoules comme on peut le voir dans la figure 49. Les ampoules sont reliées en tension (c'est-à-dire que la cathode de l'une est reliée à l'anode de l'autre, tandis que l'anode de la première et la cathode de la seconde sont jointes par les conducteurs aux pôles de la bobine de Ruhmkorff).

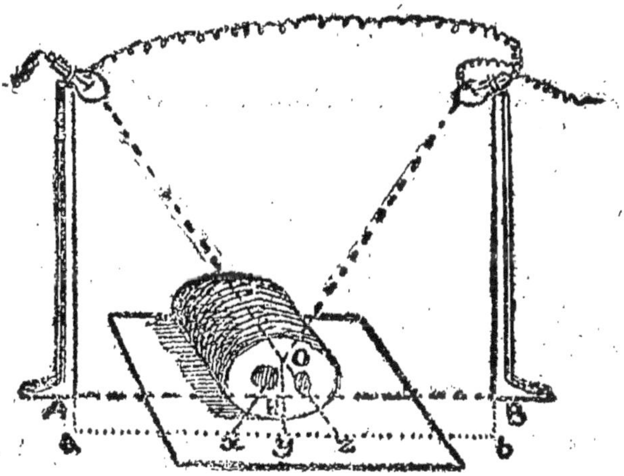

Fig. 49. — Dispositif Brunel

Grâce à ce dispositif, l'intensité des rayons X est égale pour chacune des ampoules. Aussitôt la pose terminée, on développe le cliché qui donne l'image de la balle en deux endroits. On aura une petite opération géométrique à faire, qui dira la position exacte du projectile. On mesure, pour cela, la distance des ampoules, on reporte cette distance sur une feuille de papier en AB; la hauteur H du triangle *xzo*, donne la distance exacte *yo*, de la balle à la plaque sensible. Or, celle-ci étant de la partie du membre étudié, appliquée sur elle, le praticien peut se rendre compte, à quelques millimètres près, de la position exacte du projectile.

Enfin, le dispositif, que nous avons indiqué au commencement de ce chapitre, permet de se rendre compte, aussi facilement que possible, de la position exacte d'un corps étranger dans un membre quelconque. On radiographie les deux faces voisines, et l'on peut ainsi parfaitement apprécier la position du projectile par une simple construction géométrique facile à imaginer.

CHAPITRE IX

Théorie des Rayons X

Toute force, tout phénomène physique est une manifestation, sous un aspect différent, d'une même puissance qu'on peut appeler *l'énergie*. Prenons un simple exemple, bien connu, pour démontrer ce fait : si l'on frotte un morceau de bois blanc le long d'un objet un peu plus dur, nous produiront, à l'aide de notre force musculaire, un mouvement, lequel engendrera de la chaleur : le morceau de bois devient d'abord brûlant, puis il s'enflamme, et d'une même force, transformé au mouvement, nous auront produit d'abord *ce mouvement*, puis de *la chaleur*, ensuite de *la lumière* et en même temps *un son*. De là, on voit clairement que ces divers phénomènes physiques : *mouvement*, *chaleur*, *lumière, son,* sont dus à une même énergie transformée. Ce même mouvement, employé à tourner la manivelle d'une petite dynamo, nous donnera *l'électricité* qui nous produira encore d'autres phénomènes physiques : *décomposition chimique, synthèse de gaz, mouvement.* Ainsi, tout se réduit dans la nature à une chose unique : *la force, le travail.*

Si nous examinons à fond n'importe lequel de ces phénomènes, si nous les analysons, nous finissons par découvrir que son, chaleur, lumière, électricité, que toutes les autres manifestations de l'énergie se trahissent par des vibrations. Ces vibrations sont très apparentes dans l'étude des sons, un peu moins dans celles de la lumière et de la chaleur. Il est, par contre, impossible — ou à peu près — de percevoir les vibrations de l'électricité et des rayons X. Pourtant, lorsque le temps est humide, sur les fils conducteurs nous apercevons des phosphorescences qui scintillent avec une rapidité extraordinaire, ce qui peut nous donner une idée de la vitesse des ondes vibrantes de ces radiations et de cette force.

Une cloche qui tinte est le point d'où partent les ondes qui font vibrer l'air. Une lumière qui brille est le foyer des mouvements qui font vibrer l'éther et transmettent la sensation lumineuse à nos organes. Dans l'acoustique, le milieu de propagation des vibrations est formé de molécules qui se touchent, et ces vibrations sont visibles.

On peut les rendre visibles à l'œil par une feuille de papier interposée entre la clochette et l'auditeur dans une pièce bien close : à chaque coup de cloche, le papier tremble. Dans l'éther, qui est quelque chose d'immatériel, les vibrations ne sont pas visibles. Ces vibrations se reproduisent des millions de fois par seconde, leur longueur d'onde, c'est-à-dire la longueur que chaque mouvement a dans l'espace, étant très courte, il est difficile de le voir à l'œil nu. Il a fallu user d'artifices pour surprendre ces secrets de la nature, pour mesurer les longueurs de chaque vibration constitutives d'une onde sonore ou lumineuse. C'est ainsi que, pour la chaleur, chaque onde vibrante a de $0^{mm}0027$ à $0^{mm}004$. Pour la lumière, les ondes ont de $0^{mm}000.0007$ à $0^{mm}000.0003$.

L'analogie entre la lumière et les rayons X nous oblige à ouvrir une parenthèse : l'une et l'autre se propagent dans le vide, leurs vibrations ne se transmettent pas au moyen de l'air, il faut donc qu'il existe dans le vide même le plus absolu, un milieu élastique qu'on a nommé l'*éther*. Les vibrations dans l'éther sont, à coup sûr, plus rapides que celles du son. Comme unité de mesure infiniment petite, on emploie, dans les études micrographiques, le millième de millimètre ou « micron ». Pour les mesures de longueur d'ondes, cette mesure est bien plus petite : on est obligé de se servir du millième de cette petite mesure ou du millionième du millimètre, et l'on a pu ainsi établir que les longueur d'onde exactes des diverses couleurs du spectre étaient, pour le violet, de 0 (1) 423; pour le bleu, de 0,475; pour le vert, de 0.512; pour le rouge, de 0.620. Quant au nombre de vibrations, elles sont en trillions ou mille milliards, de 709 pour

(1) 0 millionième de millimètre.

le violet et de 484 pour le rouge. Nous n'insisterons pas davantage sur la rapidité des vibrations de la lumière qui dépasse 500 trillions pour le jaune et 700 trillions. Hertz avait établi que l'induction magnétique et l'électricité avaient toutes les propriétés de la lumière au point de vue de la réfraction et de la réflexion. On pouvait donc en tirer la conséquence qu'ils étaient formés par des vibrations. On arrivait ainsi à l'unité d'une force qui, comme Protée, prenait les aspects les plus différents, selon les longueurs et le nombre des vibrations qui les constituaient. Or, les rayons X semblaient donner un croc en jambe à cette théorie prouvée jusque-là. En effet, ils n'éprouvent ni réfraction ni polarisation, ils ne se réfléchissent pas. Devait-on en conclure à la fausseté de la théorie de l'unité de l'énergie. Pourtant, quelques-uns ont cru le devoir faire. Tout ce que nous venons de dire éclaircira les diverses théories émises au sujet des rayons X.

La première en date de toutes ces théories est celle de Crookes, qui est antérieure à la découverte de Rœntgen, et que quelques-uns, au début de cette découverte, ont cru démolie par elle. Aujourd'hui, cette théorie triomphe, établie péremptoirement par des expériences sérieuses. Ce qu'il y a de mieux, c'est qu'elle repose, comme toute la physique, sur le principe des ondes vibratoires. J'ajoute que la théorie du bombardement moléculaire, malgré ses adversaires qui s'appellent, Hertz, Lénard et Wiedman, est extrêmement claire et semble tout au moins vraisemblable. Il est vrai aussi que la théorie de ceux-ci est assez proche parente de celle de Crookes et que les mots seuls diffèrent, ainsi qu'on va pouvoir en juger.

Crookes supposa donc qu'il existait dans la nature un état inconnu, jusque-là, qu'il appela *état radiant.*

On sait que tous les corps passent, suivant leur nature, à des températures très différentes, par les trois états solide, liquide et gazeux. Prenons quelques exemples : l'eau se solidifie à 0°, se réduit en vapeur à 100°, le zinc solide à la température ordinaire fond à 300°, et si l'on pousse la chaleur doucement jusqu'à 5 ou 600°, on ne tarde pas à le voir disparaître en vapeurs : c'est son état gazeux. L'air, l'acide carbonique, l'hydrogène sont des gaz à la température ordinaire. Eh bien, il a semblé longtemps que la liquéfaction de ces gaz était un problème insoluble. Pourtant, deux savants français, MM. Cailletet et Pictet (1) sont arrivés à liquéfier tous les gaz. Cette liquéfaction est même devenue une industrie d'usage courant : l'oxygène, l'acide sulfureux, le chlorure de méthyle ont été liquéfiés en même temps que l'acide carbonique et l'azote, et tous ils servent couramment, puisqu'on fabrique maintenant des appareils d'usage courant pour charger les liquides d'acide carbonique, d'azote ou d'oxygène à l'aide de balles d'acier creuses remplies de ces liquides. Leur solidification est plus difficile; pourtant, en employant la méthode dite de la détente, on y arrive très bien : si, brusquement, on ouvre un siphon plein d'acide sulfureux liquide, le liquide qui sort s'empare de la chaleur du reste pour se volatiliser et abaisse assez la température du siphon pour congeler l'acide sulfureux qui y subsiste dans l'appareil. On opère de

(1) Pictet est suisse naturalisé français.

même pour les autres gaz que l'on veut solidifier.

Pour Crookes, il n'y a pas trois, mais quatre états :

Solide — Liquide — Gazeux — Radiant

Et il y a autant de différence entre un corps à l'état radiant et un à l'état gazeux qu'entre un solide et un liquide. De l'air liquifié sera très réduit en volume : un litre d'un gaz deviendra à peine un centimètre cube; à l'état radiant, ce corps sera tellement étendu, qu'une molécule ne touchera pas à la voisine.

« La matière, dit Crookes, au quatrième état, est à sa dernière expansion : par suite de leur raréfaction, les molécules peuvent se diriger dans un sens déterminé sans être arrêtés par d'autres molécules. Celles-ci se rangent facilement devant elle. De sorte qu'une molécule, poussée par une force, se précipite droit devant elle comme les projectiles d'une mitrailleuse... ».

Dans le cas de l'ampoule de Crookes, les rayons X et cathodiques sont produits par cette force qu'est l'électricité qui pousse les molécules, les jette sur le verre de l'ampoule. Pour prouver cette assertion, Crookes imagina d'interposer, dans le tube même devant la cathode, une croix en métal montée sur une charnière et sur un pivot: la force de projection des molécules faisait tourner la croix, tandis que l'ombre des bras de cette croix se projetait sur l'ampoule.

Crookes en concluait que les rayons cathodiques et X étaient dûs aux chocs des molécules radiantes contre les parois anticathodiques du verre.

Les adversaires de Crookes disent, eux :

La formation des rayons cathodiques et X est due à des vibrations émises par la cathode. La force de ces vibrations peut expliquer le mouvement de la croix d'aluminium. On voit qu'il n'y a de différence entre les deux théories que parce que les uns croient les rayons X et cathodiques émis par la cathode, tandis que les autres les croient émis par le verre de l'ampoule.

Il nous reste, avant d'étudier les lumières — plus ou moins réelles — qu'on a cru trouver dans le voisinage des rayons X, à parler de la transparence comparée des divers corps opaques. On les a rangé dans l'ordre suivant :

0. Papier (corps le plus transparent).

2. Paraffine. — 3. Eau. — 4. Bois. — 5. Carton. 6. Charbon. — 7. Ebonite (à peu près aussi transparents que le papier et à épaisseur égale d'une transparence presque semblable).

8. Eau, verre non plombeux. — 9. Os.

10. Ivoire. — 11. Spath (plus opaque).

12. Quartz, verre plombeux.

13. Sel gemme. — 14. Soufre. — 15. Fer. — 16. Acier. — 17. Cuivre. — 18. Laiton. — 19. Platine (opacité absolue à 2m/m d'épaisseur, suivant M. Chabaud).

20. Mercure (opacité absolue à 1m/m 6, suivant M. Chabaud).

21. Plomb (opacité absolue à 1m/m, suivant M. Chabaud).

Les solutions salines sont transparentes ou opaques, selon que leur base l'est ou ne l'est pas.

Le carbone, la silice, le bore, le permanganate de potasse, les teintures organiques sont transparentes, tandis que le soufre, le sélénium, le chrome, le phosphore, les bromures, bichromates, sulfure, le tellure sont opaques.

CHAPITRE X

Les Radiations analogues

Aussitôt après la découverte des rayons X, chacun voulut trouver quelque chose qui put approcher de l'invention de Rœntgen. On avait déjà les radiations infra-rouges et ultra-violettes; d'autres parlèrent de lumière noire, de photographie de l'invisible par les effluves électriques, par l'arc électrique, la lumière du pétrole, de l'acétylène, par une soi-disant lumière noire, par les rayons émis par les corps phosphorescents. Enfin, on a rappelé les expériences de M. Zenger.

LA PHOTOGRAPHIE DANS L'OBSCURITÉ. — Un professeur de Prague, M. Charles Zenger obtint, en diverses circonstances, des clichés la nuit, sans lumière. Les clichés ainsi obtenus, sont aussi brillants et aussi nets que s'ils avaient été faits en plein jour, tous les détails des arbres y sont visibles. Nous citerons les propres termes de M. Zenger (Comptes rendus des 22 février 1896 et 31 août 1893) :

« Me trouvant à Genève, j'observais, pendant une journée très chaude du mois de septembre, que le Mont-Blanc restait visible jusqu'à dix heures et demie du soir, longtemps après le coucher du soleil et qu'il était illuminé d'une lumière jaune verdâtre assez semblable à celle montrée par les tubes de Crookes. Je mis au point sur le Mont-Blanc et j'attendis que la dernière lueur ne fut plus visible. J'exposais alors sur une plaque au collodion colorée à la chlorophylle et, vers minuit, j'obtins une vue distincte du sommet et de la chaîne environnants. »

M. Zenger supposa, et cela semble très vraisemblable, que cette netteté des clichés, faits ainsi la nuit, était due à une lueur phosphorescente émise par tous les corps et qui était la résorption de la lumière absorbée pendant la journée par eux et rendue pendant la nuit.

On a voulu rapprocher ces expériences de la découverte de Rœntgen. C'est peut-être à tort qu'on a voulu comparer la cause de ces travaux aux rayons X. Pourtant, il y a quelque rapprochement à faire entre les 2 énergies, et c'est ce que MM. Niewenglowski et Charles Henry ont fait.

LA PHOTOGRAPHIE DE L'INVISIBLE PAR LES CORPS PHOSPHORESCENTS. — Dans des expériences que nous avons rapportées plus haut, MM. Charles Henry et Niewenglowski — séparément l'un de l'autre et par des méthodes un peu différentes — sont arrivés à établir une certaine analogie entre les rayons X et la lumière phosphorescente.

Lors de la découverte de Rœntgen, M. H. Poincarré, dans la *Revue générale des Sciences* de janvier 1896, avait posé ainsi le problème : « Tous les corps dont la fluo-
« rescence ou phosphorescence est suffi-
« samment intense n'émettraient-ils pas
« des rayons X de Rœntgen, en plus des
« rayons lumineux, et cela quelle que soit
« la cause de leur fluorescence ? Les phé-
« nomènes ne seraient plus dans ce cas
« liés à une cause électrique. »

Or, M. Charles Henry a préparé du sulfure de zinc qui permet de radiographier des corps opaques et surtout de rendre une certaine vigueur aux rayons X. C'est ainsi qu'une pièce métallique opaque aux rayons X se laisse traverser par eux si l'on a soin de la frotter auparavant avec de la vaseline malaxée avec le sulfure de zinc. Les rayons X arrivant sur cette pommade, y prennent une force telle qu'ils peuvent traverser une feuille de tôle assez épaisse. Voici, du reste, le moyen employé par M. Ch. Henry pour démontrer que ce ne sont pas les rayons X seuls qui ont eu cette puissance : On dispose sur une plaque enveloppée de papier noir un fil de fer et par dessus une pièce de cinq centimes, une autre de dix centimes garnie sur sa face antérieure de sulfure de zinc, une de cinq centimes enduite sur sa face postérieure et une pièce de cinq francs enduite sur une partie de sa surface antérieure. On pose 45 minutes. Au développement (fig. 50), derrière la pièce de cinq centimes intacte et de celle de cinq francs dans la partie non sulfurée, on ne voit pas l'ombre du fil de fer. Derrière celle de dix centimes, l'ombre est très nette; derrière celle de cinq centimes enduite de vaseline sulfurée, cette ombre est visible, mais moins nette.

Par les expériences de M. G.-H. Niewenglowski, il fut établi un fait plus important quoiqu'il ne paraisse être que le corollaire de celles de Ch. Henry. Une plaque métallique, recouverte d'une émulsion de

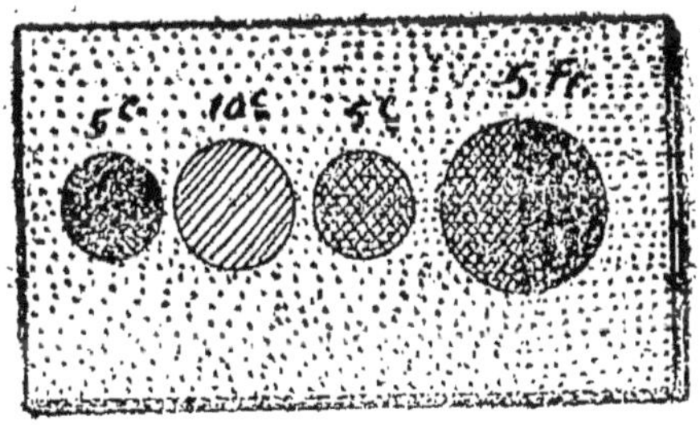

Fig. 50. — Aspect du cliché positif dans l'expérience Ch. Henry

gélatine et de sulfure de baryum, de calcium ou de zinc et séchée après avoir été saupoudrée de l'un de ces corps, préalablement finement pulvérisé, devient phosphorescente sous l'action des rayons lumineux suffisamment intenses.

De plus, ce corps phosphorescent émet des rayons analogues aux rayons X. C'est ainsi qu'une plaque sensible, enveloppée de trois papiers noirs, recouverte d'une croix de platine et par dessus de la plaque phosphorescente, abandonnée dans l'obscurité pendant quelques temps, subit une action analogue à celle des rayons X : au développement, la croix se détache en blanc sur fond noir.

Les expériences faites avec le papier sensible ordinaire étaient entachées d'une cause d'erreur : le papier noircissait, mais on pouvait soupçonner les vapeurs des sulfures phosphorescents de sulfurer le chlorure d'argent suivant la formule :

$$AgCl + BaS = AgS + BaCl$$

M. Becquerel fit des expériences semblables en se servant des sels d'urane : il reconnut que ceux-ci exposés à la lumière l'absorbaient et la rendaient ensuite, même après avoir été laissé pendant un certain temps dans l'obscurité, sous forme de radiations susceptibles de traverser les corps opaques. C'est ainsi que des cristaux d'azotate d'urane, enfermés dans des tubes scellés exposés au soleil, deviennent fluorescent. Mais si le tube est maintenu dans l'obscurité pendant quelques secondes, on cesse de voir cette fluorescence qui se transforme en une énergie nouvelle, analogue par ses propriétés sur les préparations photographiques sensibles, aux rayons X.

Cependant, ces diverses radiations émises par les corps fluorescents se distinguent des rayons X par leurs propriétés physiques : ils se réfléchissent, se réfractent et subissent la polarisation, ce que ne font pas les rayons de Rœntgen.

Rien ne prouve, d'ailleurs, que les rayons fluorescents ne soient pas composés de radiations de Rœntgen et de radiations lumineuses ordinaires, ces dernières jouissant de toutes les propriétés de la lumière, de sorte qu'on ne doit pas être étonné de voir les rayons fluorescents agir comme la lumière ordinaire et comme les rayons X.

PHOTOGRAPHIE DE L'INVISIBLE PAR L'EFFLUVE. — Dès 1886, c'est-à-dire longtemps avant la découverte de Rœntgen, le docteur Boudet avait pu, sans le concours de la lumière, faire de la photographie la nuit sans aucune autre lumière que la décharge obscure électrique. On a renouvelé cette expérience en enfermant, dans une boîte de bois recouverte du tube à effluves, une plaque sensible sur laquelle on plaçait un objet métallique : on obtenait ainsi, en blanc sur fond noir, la silhouette des objets en métal.

LA LUMIÈRE NOIRE. — Le docteur Gustave Le Bon a mené grand bruit, en 1896 et les années suivantes, autour d'une découverte faite par lui et qui est maintenant à peu près oubliée. C'est la fameuse invention de la lumière noire qui divisa le monde savant en deux camps : les uns partisans, les autres ennemis de la susdite lumière.

Des flots d'encre et des torrents de paroles furent répandus à ce sujet. Quantité de plaques sensibles, de révélateurs et d'hyposulfite furent gaspillés pour ou contre elle sans, du reste, servir à grand chose, chacun conservant ses idées sans vouloir se laisser convaincre par les raisons les plus justes.

On jugera du reste, par les faits de cette querelle scientifique, où est la vérité.

« Dans un châssis photographique positif qui sert au tirage des épreuves positives, on introduit sur la glace qui en forme le fond, une lame métallique l'obturant complètement. Par-dessus, on place un cliché négatif ordinaire, puis une plaque sensible, et enfin le volet du châssis. Cet ensemble est exposé pendant trois heures à la lumière d'une lampe à pétrole. On développe ensuite pendant tout le temps voulu, et l'on obtient un cliché très défectueux du cliché qui est en dessous de la plaque sensible.

« Pour obtenir un très bon cliché, il est nécessaire de prendre un dispositif un peu différent qui assure une grande vigueur du positif obtenu. Il suffit de recouvrir le dos de la plaque sensible avec une feuille de plomb laminée qu'on rabat sur les côtés et sur les bords antérieurs, de façon à ne faire de la glace sensible et du cliché qu'une seule pièce, dont les bords sont protégés contre toute infiltration de lumière. »

Au lieu de lumière du pétrole, on peut se servir de la lumière du soleil.

(1) Comptes rendus des 27 janvier, 3 et 24 février 1896.

M. Le Bon, pour expliquer ce fait, suppose que la lumière est transformée par son passage à travers la lame métallique en une énergie nouvelle analogue aux rayons X et qu'il appelle *lumière noire.*

Dès cette première communication, les objections vinrent abondamment contredire l'inventeur.

Pourquoi donc la lame de plomb ne convertit-elle pas la lumière en lumière noire? N'y a-t-il pas eu des causes d'erreur provenant d'emmagasinement de lumière dans le cliché ? Ne serait-ce pas la pression du cliché qui aurait produit l'impression de la plaque sensible ?

La première et la dernière objection n'ont que peu de valeur. La lame de plomb, n'étant pas directement exposée à la lumière, doit donner très peu d'intensité de lumière noire si elle en donne. Si c'était la pression qui était cause de la formation de l'image latente, celle-ci serait négative au lieu d'être positive. En effet, dans un cliché, la couche est beaucoup plus épaisse à l'endroit des grands noirs que dans les blancs, puisque par le fixage on a enlevé dans les blancs tout le bromure d'argent. De sorte que dans les noirs, il y en a plus de la même quantité de gélatine que dans les blancs, de l'argent métallique.

M. G.-H. Niewenglowski, ayant refait les expériences de M. G. Le Bon, en éloignant la cause d'erreur provenant de l'accumulation de la lumière, n'obtint aucune image. Il en tira cette conclusion que les clichés conservaient une intensité lumineuse quand ils avaient été exposés à la lumière.

D'expériences que nous avons faites à ce sujet, il semblerait résulter que c'est une petite quantité de révélateur oxydé déposée dans les blancs de la gélatine et non dans les grands noirs, qui accumule la lumière. C'est ainsi qu'avec les révélateurs au fer on n'obtient pas ce phénomène, tandis qu'avec les révélateurs à base d'hydroquinone, de métol ou de pyrocatéchine, cette accumulation se produit. Il est probable que tous les révélateurs organiques donnent les mêmes résultats.

M. Le Bon, tenant compte de cette objection assez sérieuse, refit ses expériences en éliminant toute cause d'erreur. Il dit avoir obtenu un aussi bon résultat qu'avant : l'aluminium en feuille d'un demi-millimètre d'épaisseur, le cuivre à 1 millimètre d'épaisseur sont transparents. Cependant, il y a un fait assez étrange : la lumière noire qui traverse une feuille d'argent est arrêtée par une émulsion à base d'argent dans la gélatine. Il y a là un mystère que l'inventeur de la lumière noire n'a pas cherché à élucider, c'est fort regrettable.

Ces expériences ont été répétées avec succès, à Paris, par M. d'Arsonval; à Bordeaux, par M. Armaignac; au Hâvre, par M. Murat. Par contre, l'examen de MM. Niewenglowski, Lumière, Emery sont absolument contraires aux affirmations de M. Le Bon.

1. *Expériences de M. Murat.* — Cette expérience a été étudiée à fond dans un numéro du *Temps*, nous en extrayons les passages les plus intéressants :

« Dans un châssis positif, il remplace la glace par une feuille de cuivre rouge sur laquelle il place une glace sensible, puis l'objet à photographier, puis une autre plaque sensible, de façon que les deux couches sensibles soient l'une vis-à-vis de l'autre : il pose l'ensemble sur la feuille de cuivre rouge et recouvre le tout d'un feuille de plomb. Puis, il met en contact les deux feuilles métalliques et referme le couvercle du châssis, qui constitue ainsi une boîte close hermétiquement, ne laissant passer aucun rayon de lumière blanche. Après une exposition soit à la lumière du soleil, soit à la lumière diffuse, soit à toute espèce de lumière artificielle, pendant une durée qui est en rapport avec l'intensité lumineuse, les objets à photographier et le degré de la température, il est procédé au développement des deux clichés suivant les moyens ordinaires.

« M. Murat a soumis à l'Académie une série de photographies des plus réussies qu'il a obtenues par ce procédé. La première est l'image d'une raie due aux procédés *photographiques ordinaires*. C'est la reproduction, si nous pouvons nous exprimer ainsi, de l'*extérieur* ou de la *forme* de ce poisson vu de dos. La deuxième épreuve et les suivantes sont obtenues à l'aide du procédé Le Bon, après une pose de deux heures, et à l'aide de l'éclairage d'un bec de gaz ordinaire. On y voit les différentes parties intérieures de l'animal, notamment le foie, les viscères, etc. Dans la dernière épreuve, le foie a été traversé par la lumière et il a disparu ; on voit les parties sous-jacentes. La lumière a donc disséqué le poisson couche par couche. Le développement de la plaque ayant été poussé davantage, on voit les parties plus profondes de la raie, notamment les cartilages et le squelette complet... En continuant le développement, on est arrivé à obtenir l'*autre face* de l'animal, c'est-à-dire la face ventrale, qui est diamétralement opposée à celle que l'opérateur photographiait. Le poisson a donc été traversé d'outre en outre par les rayons invisibles. »

2. *Expériences de M. Niewenglowski.* — En reproduisant avec soin les expériences de M. Le Bon à l'aide d'un châssis positif et en ayant soin d'éviter les causes d'erreur, MM. Niewenglowski et Emery n'ont rien obtenu. Bien plus, en reproduisant des expériences de M. Le Bon à la chambre noire, ils n'ont obtenu ni voile, ni image. M. Le Bon, lui, avait obtenu toujours un voile, jamais une image. Quand on sait combien les plaques sensibles non expo-

sées à la lumière se voilent par l'action d'un révélateur actif et séjournant longtemps sur elles, on n'est guère disposé à considérer ce voile comme la preuve de l'existence de la lumière noire.

3. *Théories de M. Le Bon sur la lumière noire.* — Entre la lumière noire et les rayons X, il y a des différences considérables.

Tandis que la lumière noire serait une forme de la lumière ordinaire transformée par son passage à travers les métaux, les rayons X sont les résultats du bombardement électrique et moléculaire d'une paroi de verre. Si l'on fait l'obscurité complète dans une pièce, en remplaçant les vitres par des feuilles de cuivre rouge poli, on peut photographier à travers certains corps opaques.

Tandis que les rayons X traversent sans peine le papier noir, l'ébonite, les tissus organiques, la lumière noire les traverse très difficilement ou même pas du tout. Par contre, les métaux sont opaques (ou à peu près) aux rayons X, tandis qu'ils ne le sont pas à la lumière noire. M. Le Bon a démontré que la lumière noire ne se réfracte pas. Il suppose que la lumière noire est une forme d'énergie très spéciale, tenant le milieu entre l'électricité et la lumière proprement dite : ce serait un des anneaux de la chaîne qui constitue la série des diverses formes de l'énergie.

M. Le Bon faisait une expérience qui, d'après lui, devait convaincre tous ses contradicteurs mais qui n'en a pas converti un seul :

« Il prenait une plaque d'ébonite de $0^{mm}7$ d'épaisseur, sur laquelle il collait une figure en papier d'étain; on place cette plaque sur le fond d'un châssis positif, l'étain étant placé extérieurement. Par dessus, contre l'ébonite, on met une plaque sensible voilée, le tout est serré par des ressorts appliqués sur le volet du châssis. Si l'on expose à la lumière pendant un temps assez long et qu'on développe, on obtient un cliché où la figure d'étain se détache en noir sur fond blanc. »

MM. D'Arsonval et Lippmann trouvèrent cela vrai et furent bien près de crier au miracle, au lieu de dire, ce qui eut été plus vrai, qu'ils étaient un peu myopes en photographie.

Un contradicteur, M. Perrigot, fit des objections assez justes :

1° Pourquoi fallait-il que l'ébonite eut une épaisseur déterminée ? Il avait observé que, jusqu'à 2 millimètres d'épaisseur, les plaques d'ébonite étaient transparentes à la lumière ;

2° Pourquoi la plaque sensible doit-elle être voilée d'avance ?

Nous allons y répondre :

Lorsqu'on surexpose fortement sous un cliché une plaque voilée légèrement, on obtient un cliché de même nature. Un négatif donnera un négatif (1).

Or, la plaque d'ébonite, recouverte de la croix d'étain, peut être considérée comme un cliché dont les blancs sont la feuille simple d'ébonite et les noirs la croix d'étain (fig. 51). La pose, étant de trois heures à la lumière du jour d'après l'opacité de l'ébonite, équivaut bien à la pose nécessaire pour obtenir un contretype d'un cliché qui est de 10 à 20 minutes. Ainsi, dans

---

(1) Voir notre méthode pratique de contretype dans notre ouvrage *La Photocollographie simplifiée* (2e édition). Un volume in-18 jésus, illustré, 1 fr., chez Desforges, quai des Grands-Augustins, Paris.

cette expérience absolument convaincante, on trouve, en guise de lumière noire, de la lumière blanche, agissant comme toujours quand on surexpose beaucoup.

Fig. 51. — La croix d'étain

4. *Réponse des frères Lumière.* — Les fabricants de plaques sensibles étaient vivement intéressés par les expériences et les affirmations de M. Le Bon. Beaucoup d'entre eux, ont, comme ateliers, des pièces obscures à parois métalliques. Si la lumière noire existait, il n'y avait plus possibilité de fabriquer, dans de telles usines, de produits convenables. Voilà le motif qui détermina les frères Lumière, les grands savants et fabricants de plaques de Lyon, à faire une étude complète de la soi-disant lumière noire. Leur travail fut envoyé à l'Académie des sciences et lu le 24 février 1896. Nous le reproduisons complètement

car il élucide le problème d'une merveilleuse façon :

« Les communications faites dans ces « dernières semaines à l'Académie par di- « vers auteurs, relatives à la possibilité « d'obtenir des images photographiques à « travers des lames de métal n'ont pas pa- « ru, à priori, s'accorder avec les obser- « vations que nous avions faites antérieu- « rieurement sur le même sujet. Dans nos « salles de préparation et de manipulation « de plaques photographiques, nous avons « en divers points, des parois métalliques « sur lesquelles le soleil envoie ses rayons « pendant des journées entières, et nous « n'avons jamais constaté la moindre tra- « ce de pénétration de radiations actives « dans ces conditions. Il nous a paru très « intéressant, devant cette discordance, de « reprendre les expériences instituées par « M. Le Bon. En nous mettant à l'abri de « toutes causes d'erreur, croyons-nous, « dans aucun cas, il ne nous a été possi- « ble de reproduire les effets que cet au- « teur a obtenus.

« Nous avons pris des feuilles métalli-
« ques très minces : feuilles d'aluminium
« de 7/100 de millimètre d'épaisseur, de
« cuivre de 5/100 et de 16/100, tôle de fer
« de 20/100, laiton de 35/100, etc. ; après
« avoir découpé dans du papier noir très
« opaque des fenêtres un peu plus petites
« que les feuilles de métal employées, nous
« avons collé ces fenêtres sur les bords des
« feuilles métalliques et superposé ainsi
« quatre papiers fenêtrés sur les deux fa-
« ces de la lame métallique. Ayant ensuite
« placé, dans le laboratoire obscur, une
« plaque photographique en contact avec
« le métal, on a replié successivement les
« quatre feuilles de papier de façon à for-
« mer quatre enveloppes avec une ouver-
« ture commune fermée par la plaque mé-
« tallique seule.

« Exposé ainsi au soleil, à la lumière
« électrique et à d'autres sources artifi-
« cielles, il n'a jamais été possible d'obte-
« nir une impression, si faible qu'elle
« soit.

« Nous avons répété également l'expé-

« rience de la plaque de cuivre et de la
« plaque de plomb, mais en prenant les
« mêmes précautions pour éviter la péné-
« tration de la lumière par les tranches et
« les fissures des châssis, en évitant toute
« diffusion à l'aide du dispositif indiqué
« plus haut, et là encore nous n'avons pu
« constater aucune pénétration de radia-
« tions susceptibles d'agir sur le bromure
« d'argent.

« Pendant l'exposition au soleil d'une
« plaque placée sous une lame métallique,
« comme nous l'avons indiqué plus haut,
« il est arrivé que le papier noir fixé sur
« les bords de la lame s'est très légèrement
« décollé en un point, et nous avons alors
« trouvé une réduction au développement;
« il a suffi, d'ailleurs, de coller de nou-
« veau le papier avec soin pour suppri-
« mer toute action ultérieure.

« Lorsqu'on remarque l'extrême facilité
« avec laquelle on modifie le sel haloïde
« d'argent des plaques photographiques,
« non seulement sous l'influence de la lu-
« mière, mais encore sous l'action d'un

« grand nombre d'agents physiques ou « chimiques, on comprend combien il est « difficile de tirer des conclusions d'expé« riences basées sur ces modifications.

« Une pression exercée sur une plaque « photographique donne une trace qui « peut être intense au développement. Le « contact d'un grand nombre de corps « suffit pour déterminer la réduction du « bromure d'argent.

« La mauvaise fermeture des châssis « photographiques, les réflexions succes« sives de quelques radiations qui peuvent « pénétrer dans ce châssis, par suite de « son défaut d'étanchéité, sont encore des « causes d'erreur fréquentes dans les ex« périences du genre de celles qui nous oc« cupent.

« En évitant la pression des objets, leur « contact intime avec la couche sensible, « en se mettant à l'abri des rayons lumi« neux proprement dits, ainsi que des « rayons calorifiques, nous n'avons ja« mais pu constater d'impression au tra« vers de feuilles métalliques minces, et

« nos expériences tendent à montrer que « les sources lumineuses diverses : soleil, « arc électrique, bec Auër, lampe à pétro- « le, n'émettent pas de radiations traver- « sant ces feuilles métalliques et suscepti- « bles d'agir d'une façon appréciable sur « les préparations photographiques.

« En prenant les mêmes précautions, « nous n'avons pas trouvé trace de rayons « X dans ces sources lumineuses.

« Nous croyons pouvoir conclure des « nombreux essais que nous avons faits « que la *lumière noire*, dont il a été plu- « sieurs fois question dans les *Comptes* « *Rendus* de l'Académie, ne serait que de « la *lumière blanche* à l'abri de laquelle « on ne se serait pas placé d'une façon « assez rigoureuse. »

Ainsi, la conclusion de la plupart des savants très compétents *en photographie*, c'est que la lumière noire n'existe pas.

5. *Conclusions.* — La lumière noire, c'est de la lumière blanche; nous l'avons démontré suffisamment pour le fait de la plaque d'ébonite. Faut-il en conclure que

la lumière noire est une farce, un poisson d'avril comme le prétendent quelques-uns. Je ne le crois pas. M. Le Bon est un savant consciencieux qui a pu se tromper. Pourtant, il ne s'est pas trompé complètement. Il a obtenu quelque chose sans lumière blanche. Je veux bien le croire. Mais, est-il bien sûr que ses métaux étaient purs ? Une plaque de cuivre qui contient un tant soit peu de sulfure de cuivre (et c'est fréquent) acquiert un pouvoir de phosphorescence obscure sous l'action de la lumière, et cette action se renforce sans doute par la chaleur et par d'autres formes d'énergie. Souvent, les plaques extrêmement minces peuvent laisser passer un peu de lumière.

AUTRES MÉTHODES DE PHOTOGRAPHIE DE L'INVISIBLE. — Un certain nombre de personnes ont prétendu trouver des rayons X dans la lumière du soleil, de l'électricité, du pétrole, de l'acétylène et du magnésium.

C'est ainsi que les frères Boulade, opticiens à Lyon, ont obtenu, au moyen de l'arc électrique, des clichés d'objets opaques, où les noirs et les blancs sont rendus d'une façon à peu près semblable à ce que la radiographie aurait donné. C'est ainsi qu'un arc électrique, produit par des piles de 6 ampères pendant une minute, donne sur une plaque photographique l'image d'une paire de ciseau, d'un crochet à boutons, etc., à travers une planchette en noyer épaisse de plusieurs millimètres.

Nous avons obtenu à la lumière du soleil, par une exposition de trois minutes, l'ombre assez confuse d'ailleurs du squelette de la main.

Toutes les lumières traversent les corps qui semblent à moitié ou même tout à fait opaques. A plus forte raison, lorsque le corps n'est pas opaque, comme c'est le cas de la main, il est facile de faire des silhouettes où l'ombre des os, moins transparents que la chair, se voit.

Une expérience que j'ai vu faire et que j'ai entendu attribuer à des rayons X contenus dans la lumière ordinaire est celle-ci : on dispose une plaque photographique enveloppée dans une simple feuille de papier noir dans une boîte en carton ordinaire (fig. 52).

Sur la plaque, on met une clef en fer et l'on ferme la boîte en ayant soin de bien cacheter avec de la colle et du papier noir les fentes qui limitent le couvercle et la boîte proprement dite. Après trois heures d'exposition à la lumière d'une grosse lampe à pétrole placée à moins d'un mètre du dispositif ci-dessus, on peut révéler le

Fig. 52. — Photographie au pétrole d'une paire ciseaux à travers une boîte de carton

cliché qui donne une ombre très nette de la clef en blanc sur fond noir. Je ne crois pas qu'il y ait de rayons X là-dedans, mais le carton offre une certaine transparence à une lumière intense et prolongée : c'est pourquoi les fabricants de plaques sensibles conseillent de maintenir les boîtes même non décachetées à l'abri de la lumière.

Enfin, M. Muraoka, professeur à la Faculté des sciences de Tokio (Japon), prétend avoir fait de la photographie de l'invisible au moyen des vers luisants.

On appelle ainsi des sortes de chenilles, les unes très velues, les autres à peau très lisse, qui, pendant la nuit, émettent une lumière très vive. L'espèce étudiée par M. Muraoka est le lampyre noctylupe qui est une chenille à peau non velue, assez laide, grise, ressemblant à un de ces vers gris qui font le désespoir des maraîchers. On prétend que le mâle est peu lumineux, tandis que la femelle est phosphorescente. Sa lumière très vive se ranime par l'action de la chaleur et persiste pendant quelques heures après la mort de l'animal. Or, suivant le professeur Japonais, quatre vers luisants donnent une lumière très suffisante pour impressionner une plaque sensible enfermée dans une boîte de carton. Leur lumière aurait toutes les propriétés des lumières phosphorescentes et pas du tout celle des rayons X. Les métaux ne sont pas pénétrés par cette lumière. M. Muraoka prétend que la lumière du vers luisant, qui a toutes les propriétés des radiations ordinaires, en perd quelques-unes par son passage à travers un corps opaque : elle ne peut plus se réfracter ni se polariser.

Ces expériences n'ont pu être vérifiées, comme on l'aurait voulu, car les vers luisants ne sont pas très communs, et, surtout, il faut bien des précautions pour les

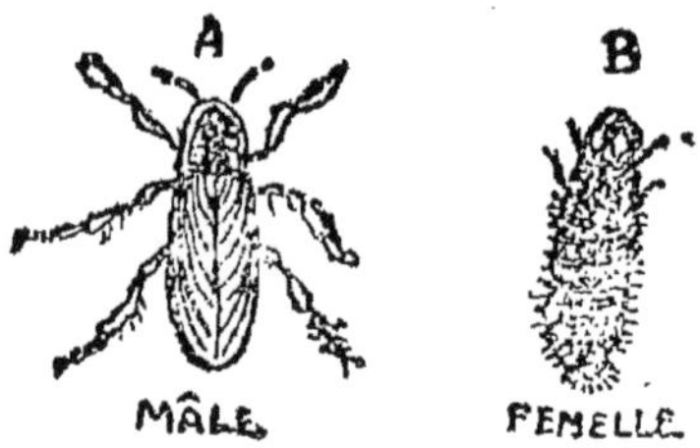

Fig. 53. — Lampyre noctyluque (mâle et femelle)

utiliser, puisque, dès qu'on les touche, ils éteignent leur phosphorescence. On les trouve sur les bords des routes dans les herbes touffues, ils sont alors très difficiles à prendre; quelquefois, ils sont sur des cailloux; il faut alors, si l'on veut utiliser le vers, l'emporter sur son caillou et s'abstenir de projeter l'haleine sur lui. La femelle qui ressemble à une larve (fig. 53), est seule lumineuse; le mâle, qui est un véritable insecte, n'a pas cette propriété.

Pourtant, en Italie, on voit en été des lampyres mâles qui sillonnent l'air, en faisant dans l'obscurité un véritable sillage lumineux.

Pendant les nuits chaudes, l'air est chargé de ces *lucioles* qui font une brillante pluie de feu que quelques-uns ont comparé à une chute d'étoiles.

CHAPITRE XI

Les Métaux radioactifs

Nous avons parlé, en quelques mots, de la découverte de l'action des rayons phosphorescents de certains êtres, de certains produits chimiques susceptibles de traverser le papier noir et des corps en apparence opaques à la lumière. Les travaux de H. Becquerel (1) furent les premiers qui eurent une notoriété suffisante. Il utilisait les sels d'urane (azotate, sulfate ou chlorure) déposés en couches minces sur du verre. Exposés en plein soleil pendant quelques minutes, ils permettent d'impressionner une plaque au gélatino-bromure

(1) Comptes rendus de l'Académie des Sciences (24 février et 2 mars 1896).

enveloppée dans plusieurs feuillets de papier noir. Cette radio-activité des sels d'urane est d'ailleurs assez durable.

En 1898, un allemand, M. Schmidt (1), trouvait dans un autre métal (*le thorium*), les mêmes propriétés.

En cherchant à déterminer le pouvoir radio-actif de certains minéraux riches en thorium et uranium, M. et Mme Curie découvrirent qu'ils étaient dans leur impureté plus actifs que les métaux purs connus comme radio-actifs. Ce qui leur fit soupçonner le *radium*. Leurs travaux leur fit tout d'abord découvrir un métal ressemblant au bismuth, 400 fois plus actif que l'*uranium* : c'était le *polonium*. Or, ce polonium perdant rapidement son action, M. et Mme Curie cherchèrent encore et, en collaboration avec M. Bémont, ils trouvèrent dans le péchblende le *radium*. Cette découverte fut annoncée le 26 décembre 1898. En 1899, M. Debierne trouva, toujours dans le pechblende, un autre métal radio-actif : l'*actinium*.

---

(1) Annales de Wiedmann T. 65.

De tous ces métaux, le radium a été le plus célèbre. On ne l'avait du reste qu'à l'état de sels : chlorure ou bromure. Ce n'est qu'en 1910 que Mme Curie parvint, pour quelques instants seulement, à préparer un fragment infime de ce mystérieux radium. Ce métal ne se conserve pas : il se volatilise avec une grande rapidité, imprégnant de radio-activité les corps qui sont le plus près de lui.

Le Radium (1), comme le Thorium et l'Uranium, mais à plus haute puissance, a des actions chimiques et physiques. Il dégage continuellement de la chaleur et de la lumière et s'use en même temps, se consume (comme un morceau de braise sous la cendre), jusqu'à disparition complète. M. Debierne évalue la chaleur dégagée par 1 gramme de radium à 800.000 calories par an et M. Wilson croit que la chaleur solaire peut être dûe à ce métal.

---

(1) Nous désignons ainsi le sel commercial vendu sous ce nom (bromure ou chlorure) à un prix fort élevé.

Pour éviter l'épuisement de ces sels il faut les conserver dans une gaine de plomb épaisse.

(1 gramme par tonne de la masse solaire suffirait à lui donner sa température !)

Les effets du radium, en dehors de son dégagement de chaleur, sont :

Chimiques. — Il brûle et oxyde tous les corps : le papier brunit sous son action; le sel gemme jaunit à son rayonnement comme avec les rayons X; les pierres fines de couleur se décolorent; les sels se réduisent ou s'oxydent suivant leur nature.

Photographiques. — A travers des papiers noirs, la plaque sensible s'impressionne. On peut obtenir avec le radium des clichés (en général gris ou voilés) de corps opaques à ses rayons, comme le plomb ou les métaux

Physiologiques. — La radio-activité agit très vivement sur le corps humain et d'une façon analogue aux rayons X : elle produit de véritables brûlures très longues et très difficiles à guérir à cause de l'emmagasinement par la peau de cette action. Mais le radium a une action destructive remarquable sur les microbles de toutes natures et l'on a obtenu avec lui de véritables guérisons du lupus, du cancer, de la tuberculose.

Mais l'emploi du radium comme médicament n'est pas près de se généraliser à cause de son prix, prix très justifié par les difficultés de son extraction.

Il faut traiter deux tonnes de pechblende pour avoir quelques décigrammes de chlorure de radium !

J'ajoute que c'est peut être heureux que ce métal ne soit pas plus commun, car on se tuerait par l'abus du radium au lieu de se guérir.

La radio-activité des métaux se transmet à d'autres corps (comme la chaleur) et l'on attribue l'activité, de cause inconnue, de certaines eaux minérales à ce fait. Par exemple, l'eau de la Bourboule est radio-active et avec une dose infime d'arseniate de soude agit — sans danger — grâce à sa radio-activité, comme si elle en contenait vingt fois plus : ce qui serait une dose mortelle.

Cette activité dure, suivant les sources, de 6 à 15 jours et est plus grande après 2 ou 4 jours d'embouteillage pour décroître ensuite. C'est ce qui explique que les eaux sont plus énergiques à la source que prises au loin.

L'eau coulant dans la terre à de grandes profondeurs sur des couches radiofères, s'y chargent de radio-activité, disent les uns, tandis que d'autres affirment que le radium n'y est pour rien (et que le frottement de l'eau sur les parois rocheuses lui donne une énergie analogue à de l'électricité et ayant des qualités thérapeutiques. J'avoue être partisan de cette dernière théorie.

CONCLUSIONS

Les rayons X offrent de nombreux avantages à tous les points de vue. Ils n'ont que l'inconvénient de ne pas être à la portée de tout le monde, puisque la moindre installation radiographique revient à 250 fr., et encore, pour ce prix, on ne peut faire grand chose.

L'emploi de la radiographie est donc limité par cela même, et tant que le matériel nécessaire sera aussi coûteux, il n'y aura plus guère de progrès à espérer. Nous souhaitons voir luire le jour où l'on pourra faire de la radiographie comme on fait de la photographie maintenant, le jour où le moindre médecin de la plus petite bourgade pourra, à toute maladie ou à toute fracture, se servir de l'ampoule de Crookes.

Certes, nous ne désespérons pas de le voir bientôt; nos constructeurs sont assez ingénieux pour y arriver, et nos inventeurs trouveront peut-être une lumière obscure plus facile et moins coûteuse à obtenir que les rayons X.

FIN

TABLE DES MATIÈRES

Chapitres		Pages
V.	Résultats pratiques des Rayons X..	7
VI.	Applications diverses des Rayons X.	46
VII.	Radiothérapie....................	60
VIII.	Détermination de la position d'un objet opaque dans le corps humain	67
IX.	Théorie des Rayons X............	79
X.	Les Radiations analogues........	89
XI.	Les Métaux rétroactifs	118
Conclusion	....	124

Grande Imprimerie de Troyes, 126, rue Thiers

www.ingramcontent.com/pod-product-compliance
Ingram Content Group UK Ltd.
Pitfield, Milton Keynes, MK11 3LW, UK
UKHW031916260826
14628UKWH00003B/1233

9 782019 958756